Intelligent Decision-Making in Agriculture

湖北省公益学术著作出版专项资金资助项目

智能化农业装备技术研究丛书

组编单位 中国农业机械学会

丛书主编 赵春江

农业智能决策

刘升平　诸叶平　张杰 ◎著

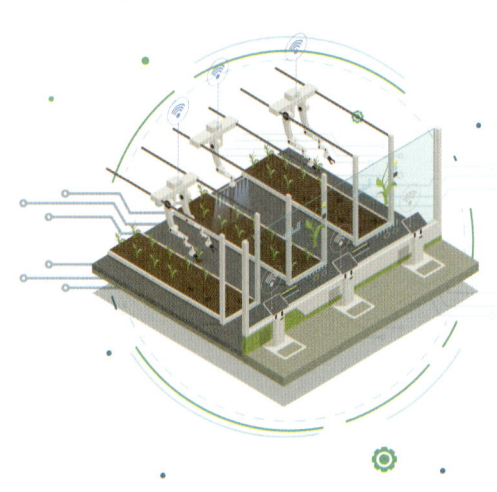

华中科技大学出版社

http://press.hust.edu.cn

中国·武汉

内 容 简 介

人工智能技术正在推动全球农业从传统模式迈向数字化、智能化新时代。如今,农业人工智能技术发展迅速并呈现出深度学习、跨界融合、人机协同等特征,成为农业智能决策的重要推动力。本书介绍了大数据驱动的知识学习、农业专家决策系统、农业知识模型与算法构建等关键技术,列举了机器视觉、农业机器人、机器学习等技术在种植、养殖等场景中的农业智能决策应用案例。

本书共 12 章,包括绪论、知识推理、专家系统、机器学习、机器视觉、大数据技术、自然语言处理、农业机器人、大田种植智能决策、设施种植智能决策、畜禽养殖智能决策、水产养殖智能决策。

本书可作为农业人工智能、农业管理科学与工程、数字农业技术、农业系统工程等学科研究人员的参考用书,也可供相关专业的学生使用。

图书在版编目(CIP)数据

农业智能决策 / 刘升平,诸叶平,张杰著. -- 武汉 : 华中科技大学出版社,2025. 4.
(智能化农业装备技术研究丛书). -- ISBN 978-7-5772-1692-8

Ⅰ. S126

中国国家版本馆 CIP 数据核字第 2025EG6878 号

农业智能决策

Nongye Zhineng Juece

刘升平　诸叶平　张　杰　著

策划编辑:俞道凯　王　勇
责任编辑:刘　飞
封面设计:廖亚萍
责任监印:朱　玢
出版发行:华中科技大学出版社(中国·武汉)　　电话:(027)81321913
　　　　　武汉市东湖新技术开发区华工科技园　　邮编:430223
录　　排:武汉三月禾传播有限公司
印　　刷:武汉市洪林印务有限公司
开　　本:710mm×1000mm　1/16
印　　张:13.5
字　　数:249 千字
版　　次:2025 年 4 月第 1 版第 1 次印刷
定　　价:98.00 元

智能化农业装备技术研究丛书
编审委员会

《农业智能决策》
编写人员

刘升平（中国农业科学院农业信息研究所）

诸叶平（中国农业科学院农业信息研究所）

张　杰（中国农业科学院农业信息研究所）

武　威（中国农业科学院农业信息研究所）

岳慧丽（中国农业科学院农业信息研究所）

仲晓春（中国农业科学院农业信息研究所）

胡亚南（中国农业科学院农业信息研究所）

李世娟（中国农业科学院农业信息研究所）

杜鸣竹（中国农业科学院农业信息研究所）

郭秀明（中国农业科学院农业信息研究所）

孙开梦（中国农业科学院农业信息研究所）

鄂　越（中国农业科学院农业信息研究所）

吕纯阳（中国农业科学院农业信息研究所）

路云涛（中国农业科学院农业信息研究所）

王梦玥（中国农业科学院农业信息研究所）

李路华（中国农业科学院农业信息研究所）

雷超凯（中国农业科学院农业信息研究所）

黄霁崴（中国石油大学（北京））

作者简介

▶ **刘升平** 农学博士，研究员，博士生导师。现任中国农业科学院农业信息研究所智能农业技术研究室主任、国家现代蜂产业技术体系岗位科学家、农业农村部区块链农业应用重点实验室主任。长期从事农业信息技术领域科研工作，主要研究方向包括智慧蜂业、农产品质量安全控制技术、作物模拟模型技术和农业地理信息系统（GIS）应用等领域。主持和参加国家重点研发计划项目、现代农业产业技术体系建设专项、国家科技支撑计划项目、国家"863"计划项目、国家自然科学基金项目等科研项目20余项。获得北京市科学技术奖、神农中华农业科技奖、北京市农业技术推广奖、中国农业科学院科技进步奖等奖励10余项，发表SCI、EI、CSCD等研究论文40余篇，出版专著1部。

▶ **诸叶平**　博士，二级研究员。1982年毕业于天津大学，同年，分配到中国农业科学院计算中心，一直从事农业信息技术研究。曾主持国家科技攻关项目、国家"863"计划项目、农业农村部重点项目、国家自然科学基金项目、北京市自然科学基金项目等科研项目30余项，获部级以上科技奖励10余项。1993年开始享受国务院政府特殊津贴，1997年获农业部"中青年有突出贡献专家"称号。2008—2023年任北京市第十一届至第十三届政协委员，曾任北京市政协农业和农村委员会副主任、北京农业信息化学会副理事长、中国农学会计算机农业应用分会副理事长。

▶ **张　杰**　中国农业科学院农业信息研究所助理研究员，博士，主要研究农业信息技术，先后主持或参与国家重点研发计划子课题、现代农业产业技术体系建设专项、农业农村部财政项目、农科院创新工程项目等科研项目20余项；发表论文20余篇；获得授权发明专利9项、软件著作权20余项；获得北京市农业技术推广奖三等奖，入选2020年度中国农业科学院科研信息化应用典型案例，获北京市新技术新产品(服务)认定等荣誉10余项。

 # 总序一

　　智能化农业装备是转变农业发展方式、提高农业综合生产能力的重要基础,是加快建设农业强国的重要支撑。它以数据、知识和装备为核心要素,将先进设计、智能制造、新材料、物联网、大数据、云计算和人工智能与农业装备深度融合,实现农业生产全过程所需的信息感知、定量决策、智能控制、精准投入及个性化服务的一体化。智能化农业装备是农业产业技术进步和农业生产方式转变的核心内容,已成为现代农业创新增长的驱动力之一。

　　"智能化农业装备技术研究丛书"是由中国农业机械学会与华中科技大学出版社共同发起,为服务"乡村振兴"和"创新驱动发展"国家重大战略,贯彻落实"十四五"规划和2035年远景目标纲要,面向世界农业科技前沿、国家经济主战场和农业现代化建设重大需求,精准策划的一套汇集我国智能化农业装备先进技术的科技著作。

　　丛书结合国际农业发展新趋势与我国农业产业发展形势,聚焦智能化农业装备领域前沿技术和产业现状,展示我国智能化农业装备领域取得的自主创新研究成果,助力我国智能化农业装备领域高端、专精科研人才培养。为此,向为丛书出版付出辛勤劳动的专家、学者表示崇高的敬意和衷心的感谢。

　　党中央把加快建设农业强国摆上建设社会主义现代化强国的重要位置。我国正处在全面推进乡村振兴、实现农业现代化的关键时期,智能化农业装

备领域前沿技术发展大有可为！丛书汇集了高校、科研院所以及企业的理论科研成果与产业应用成果。期望丛书深厚的技术理论和扎实的产业应用切实推进我国智能化农业装备领域的发展，为我国建设农业强国和实现农业现代化做出新的、更大的贡献。

中国工程院院士
国家农业信息化工程技术研究中心主任
北京市农林科学院信息技术研究中心研究员
2024 年 1 月

总序二

　　智能化农业装备是提升农业生产效率、促进农业可持续发展以及推动农业现代化建设的重要支撑。"智能化农业装备技术研究丛书"的编写立足于贯彻落实制造强国战略部署，锚定农业强国建设目标，全方位夯实粮食安全根基，积极落实"藏粮于技"，加强农业科技和装备支撑，聚焦智能化农业装备领域前沿技术、基础共性技术及关键核心技术，突出自主创新，为农业强国建设提供理论与技术支持。

　　党的二十大报告明确提出"加快建设农业强国"，这是党中央着眼全面建成社会主义现代化强国做出的战略部署。"强国必先强农，农强方能国强"，中国农业机械学会始终不忘"农业的根本出路在于机械化"之初心，牢记推进中国农业机械化发展之使命，全面贯彻习近平总书记提出的"大力推进农业机械化、智能化，给农业现代化插上科技的翅膀"的重要指示，团结凝聚广大的科技工作者，聚焦大食物观、粮食安全和食品科技自立自强，围绕农业装备补短板、强弱项、促智能，不断促进科技创新、服务国家重大战略需求、助力科技经济融合发展，为促进农业装备转型升级、农业强国建设和乡村振兴积极贡献智慧与力量。

　　中国农业机械学会作为专业性的学术组织，本着"合作、开放、共享"理念，充分发挥桥梁和纽带作用，组织行业专家、学者群策群力，撰写丛书，并与华中科技大学出版社通力合作共同推动丛书的出版。丛书可作为广大农业科技工作者、农业装备研发人员、农业院校师生的宝贵参考书,也将成为推动我国农业现代化进程的重要力量。

最后,衷心感谢为丛书做出贡献的专家、学者,他们具有深厚的专业知识、严谨的学术态度、卓越的成就和独到的见解。感谢华中科技大学出版社相关人员在组织、策划过程中付出的辛勤劳动。

罗锡文

中国工程院院士

中国农业机械学会名誉理事长

2024 年 1 月

前 言
PREFACE

以人工智能技术为代表的新一轮科技革命和产业变革正在重构全球科技创新版图,推动各国农业发展由传统模式步入数字化、智能化新时代,机器视觉、农业机器人、机器学习等人工智能技术在农业领域的应用推动农业智能决策技术的发展进入新阶段。农业智能决策技术作为智慧农业的重要组成部分,是人工智能技术在农业领域的一次积极实践,是传统农业在人工智能助力下焕发蓬勃生机的大胆革命。

农业智能决策技术在农业领域的应用涉及种植业、畜牧业和渔业等方面,贯穿产前、产中、产后各阶段,以其独特的技术优势助力农业生产智能管理、精准管控,培育农业新质生产力,提升农业生产效率,促进农业资源的合理利用,提高农作物产量和品质,降低生产成本,改善生态环境,实现农业可持续发展,推进现代农业从数字化、机械化、自动化向智能化方向快速跃升。当前,我国农业正处于从传统农业向现代农业转型的关键阶段,发展农业智能决策技术还存在诸多挑战,加快农业智能决策基础理论与关键技术研究非常必要。

本书共 12 章:第 1 章为绪论,详细介绍农业智能决策的概念、应用、挑战和研究领域;第 2 章为知识推理,详细介绍知识推理概念、关键技术及在农业领域中的应用;第 3 章为专家系统,介绍了专家系统的概念和在不同领域中的应用情况;第 4 章为机器学习,介绍了机器学习的发展历史、主要方法和农业应用情况；第5章为机器视觉，介绍了机器视觉相关概念、关键技术和农业应用情况；第6章为大数据技术，介绍了大数据的获取、分析、可视化和农业应用情况；第7章为自然语言处理，介绍了相关概念、文本的处理方法和农业应用实例；第8章为农业机器人，介绍了农业机器人的发展、关键技术和适应现代产业发展的农业机器人装备；第9章为大田种植智能决策，介绍了大田种植的智能决策需求、关键应用技术和国内具有特色的大田种植智能决策模式；第10章为设施种植智能决策，介绍了设施种植的决策需求、关键技术和应用案例；第11章为畜禽养殖智能决策，介绍了畜禽养殖智能决策的需求和应用情况；第12章为水产养殖智能决策，介绍了水产养殖智能决策的需求和应用情况。

本书由刘升平、诸叶平、张杰著。刘升平负责全书的总体组织与统筹协调，承担主要章节的撰写和全书的统稿工作；诸叶平负责第1章至第6章的内容组织与撰写；张杰负责第7章至第12章的内容组织与撰写。根据研究方向和专业特长，还有以下人员分担了相关章节的撰写任务：路云涛，第3章；武威，第4章；吕纯阳，第5章；郭秀明、李路华，第7章；孙开梦、雷超凯、黄霁崴，第8章；仲晓春、胡亚南、王梦玥，第9章；仲晓春、李世娟、鄂越，第10章；杜鸣竹，第11章；岳慧丽，第12章。撰写过程中，各位成员通力协作，确保了本书内容的专业性、系统性与实用性。

本书可作为农业人工智能、农业管理科学与工程、数字农业技术、农业系统工程等学科研究人员的参考用书，也可以供相关专业的学生使用。

因时间和水平有限，书中难免存在疏漏和不足之处，敬请读者对本书提出宝贵意见和建议，我们将对本书内容不断完善。

作　者

2024 年 12 月

目 录
CONTENTS

第1章
绪 论

　　以人工智能技术为代表的新一轮科技革命和产业变革正在重构全球科技创新版图,推动各国农业发展由传统模式步入数字化、智能化新时代。农业人工智能技术加速发展,呈现出深度学习、跨界融合、人机协同等特征。大数据驱动知识学习、农业专家决策自主智能系统、农业知识模型与算法构建等成为农业智能决策的发展重点。在机器视觉技术、农业机器人技术、机器学习技术的推动下,农业智能决策技术发展进入新的阶段,通过以信息、知识、装备为核心要素的现代农业生产方式,助力现代农业从数字化、机械化、自动化向智能化方向快速跃升。

1.1 农业智能决策综述

1.1.1 农业智能决策的定义

　　人工智能作为计算机科学的一个重要分支,通常可以将其简单概括成一种智能化的处理能力,是能够和人一样进行感知、认知、决策、执行的人工程序或系统。随着科学技术的快速发展,人工智能已渗透到医疗、教育、金融等领域,有效地推动了各领域的发展,并取得了显著的成绩。农业是国民经济中的重要产业,是我国的第一产业,是国家长治久安和百姓丰衣足食的重要保障,是保证一切生产的首要条件。在传统农业中,人力劳动占据很大比例,农田和种植园主要采取粗放式管理,缺乏差异对待模式,导致作物或果实的品质和产量不能达到理想状态,且造成资源浪费以及环境恶化,甚至因病虫害治理效果不佳而造成绝产。《新一代人工智能发展规划》指出,人工智能作为新一轮产业变革的核心驱动力,将进一步释放历次科技革命和产业变革积蓄的巨大能量,并创造新的强大引擎,形成从宏观到微观各领域的智能化新需求,催生新技术、新产品、新产业、新业态和新模式,深刻改变人类的生产生活方式和思维模式,实现社会生产力的整体跃升。

农业智能决策技术作为智慧农业的重要组成部分,是人工智能技术在农业领域的一次积极实践,是传统农业在人工智能助力下焕发蓬勃生机的大胆革命。农业智能决策技术可定义为在农业领域应用人工智能技术解决农业生产、加工、销售等全产业链问题的信息技术,是多种信息技术的集成及其在农业领域的交叉应用,其技术范畴涵盖了智能感知、物联网、智能装备、专家系统、农业认知计算等。农业智能决策技术在农业科学领域中的应用贯穿产前、产中、产后各阶段,涉及种植业、畜牧业和渔业等农业领域,以其独特的技术优势助力智能管理、精准管控,以机器人代替全部或部分人力,提高生产效率和产品质量,减轻环境污染,应用潜力巨大。

1.1.2 农业智能决策的应用意义与应用情况

1. 农业智能决策的应用意义

自改革开放以来,我国农业取得了瞩目的成绩,有力地推动了我国经济的高速增长,但仍存在诸多亟待解决的问题:① 生产环境污染严重;② 自动化水平低,节水农业发展滞后;③ 农村劳动从业者老龄化严重;④ 资源利用率、生产效益低下,农业竞争力不强;⑤ 农业生产缺乏有效监管,使得农产品质量安全问题日益突出,现代农业发展转型迫在眉睫。农业智能决策应用大数据、机器视觉、专家系统、机器人等技术综合服务于农业种植、养殖和市场营销等方面,对于提升农业生产效率和产品质量、增加农业产能具有巨大的应用意义。

(1) 在种植业方面,利用大数据技术收集分析农业数据,根据实际的应用场景建立专家模型,可预测农田灌溉深度,自适应地调节相关设备,避免因农户主观行为造成灌溉水量过多或过少,以及灌溉深度过深或过浅从而影响灌溉网络性能的情况。将图像处理、目标分类和人工神经网络算法应用于农业领域中的图像疾病区域,可实现作物的病虫害识别与诊断。将农业智能决策技术应用于智能化农业机械,可有效缩短作业时间,解决劳动力不足的问题,并能够实现土壤质量和虫害的监控,实现自动耕作、自动适量施肥给药、自动灌溉、自动收获、自动储藏、自动上线的一体化生产。

(2) 在养殖业方面,利用物联网技术在牧场可以用传感设备和视频监控设备实时、动态地监测畜禽的生长环境和生命特征表现,构建畜牧智能决策管理系统,实现精准饲养和疾病防治,做到科学养殖畜禽。利用无线射频识别(RFID)、机器视觉等技术可实现畜禽养殖的自动跟踪和管理;利用无线射频识别、二维码等技术可查询加工产品的来源、物流信息等,实现产品溯源,保证产品质量。

(3) 在农产品的市场营销方面,农业智能决策技术可以辅助农业从业人员提升核心竞争力,确保质量安全,实现增收。互联网及人工智能技术可以汇聚农业生产、消费等方面的大数据,可以动态跟踪并分析当前市场的产品需求情况,准确把握农产品的产量,避免农民盲目跟风生产或缺乏对市场需求的认知而造成经营受损。

2. 农业智能决策的应用情况

(1)产前阶段。

在产前阶段,农业智能决策可围绕农业生产前的品种选育、变量作业、环境控制等开展应用服务。在品种选育方面,农业智能决策技术可通过收集优良种子性状及其对应数据来构建分类模型,有效提升种子质量的鉴定速度,并通过后期种植结果不断丰富建模数据、修正模型误差,进一步保证鉴定效果。此外,还可以利用人工智能技术对种植环境、种植需求等进行分析,帮助种植者选择最适合的种子类型,提升农业生产收益。在变量作业方面,利用人工神经网络可对土壤传感器收集到的可溶性盐含量、地表水分蒸发量、土壤湿度等数据进行预测分析,判断各类农作物所适宜的最佳土壤。另外,也可利用人工智能技术预测土壤的养分含量。利用深度加权方法从土壤传感器获取的信号中提取土壤表层地质信息,再使用人工神经网络预测土壤表层的养分含量。在环境控制方面,利用农业智能决策技术对农作物的用水需求量进行分析,可以科学地指导农户灌溉,保证农作物有水可依,最大限度地减轻洪涝或干旱灾害对农作物造成的不良影响。智能灌溉系统与传感器、灌溉设备连接后,可对土壤含水量进行实时监控,据此选择最合适的灌溉模式进行农作物灌溉。

(2)产中阶段。

在产中阶段,农业智能决策可围绕农业生产中的病虫害诊断、精准施肥、智能采收、产量评估等提供服务。在病虫害诊断应用方面,可利用图像识别、红外传感器检测、声音特征检测、雷达检测等技术,采用特定的计算机算法和模型,对农业的光谱或图像信号进行挖掘,对农业病虫害进行识别、预警,并提供参考解决方案。在精准施肥应用方面,对土壤成分进行分析,依据分析结果,借助农业机器人或无人机进行定点定量施肥,可以提高农业肥料的利用率,从而提高农作物的产量。在智能采收应用方面,可以利用具备机器视觉、感知、操作等多项功能的采收机器人或者农业机械装备实现智能采收。在配置有定位技术的情况下,智能机器人可按照期望的轨迹行进,避免与农作物碰撞而造成农作物损坏。在采收过程中,机器人手臂的彩色摄像装置可检测果实的成熟度;此外,内置的压力传感器能够防止采摘压力过大而损坏果实。智能机器人可在农忙季节快速对农作物进行抢收,节约更多的人力和时间。在产量评估方面,可以通过机器视觉技术、传感器感知技术等对不同农业对象的产量进行实时评估,为其他农事作业操作提供支撑。

（3）产后阶段。

在产后阶段，农业智能决策可围绕农业生产后农产品质量检测、互联网销售等提供技术服务。在农产品检测应用方面，农作物拥有独特的颜色、纹理、形状等特征，可通过图像分析进行识别与检测，并进行过程监测和产量预测。在各种微电子系统、纳米技术、传感器、现场快速检测技术、数据远程传输与处理技术等的加持下，农产品检验和检测系统趋向小型化和智能化，溯源技术走向精准化、集成化和物联化，对农产品质量安全因素实现全程追踪与管控。在互联网营销方面，利用大数据技术可为农业从业人员提供更多的机遇，拓宽盈利渠道。同时，利用互联网、大数据和人工智能技术，收集消费者的购买倾向以及市场的农产品销量信息，并对这些信息进一步挖掘、分析，得到市场的供需关系，实时汇报给平台或农户，帮助用户了解农产品的市场行情，灵活制定生产销售策略，降低经营风险，实现利益最大化。

1.1.3　农业智能决策面临的挑战

农业智能决策技术已成为合理利用农业资源、提高农作物产量和品质、降低生产成本、改善生态环境、实现农业可持续发展的前沿性农业科学研究热点。我国农业正处于从传统农业生产技术向现代农业生产技术转型的阶段，发展农业智能决策技术还存在诸多挑战。

1. 基础与关键技术落后

（1）支撑农业智能决策的基础理论与软硬件存在短板。我国农业智能决策技术与发达国家的差距导致我国农业自动化程度和集约化水平较低，容易在农业人工智能基础理论、核心算法，以及关键设备、高端芯片、重大产品与系统等方面形成短板。例如已有农业传感器种类较少，缺少农作物本体信息传感器，且传感器的关键零部件都需要从国外进口。

（2）在农业数据分析方面缺少有效的农业数据模型服务于农业生产应用。在农业数据分析领域，数据分析主要涉及模式识别和深度学习的农业应用，如在病虫害识别过程中，基于过程分析的数据挖掘技术研究就比较缺乏。农业大数据挖掘是从大量的、不完全的、有噪声的、模糊的、随机的农业数据中提取出隐含在其中的、人们事先不知道的、潜在有用的农情信息和作物生长规律的过程。在农业大数据分析中，具有挑战性的是基于过程分析和历史信息的农作物生长预测问题。

（3）变量作业关键技术研究方面缺少技术支撑。基于近地遥感技术实现精准农业的农机作业和无人机作业是精准农业领域的关键技术。目前大型农机和无人机耕种管收的作业还未实现真正的变量作业,其中的一个原因是作业处方图的生成技术尚未成熟。要生成作业处方图,需要对近地遥感图像进行农情分析并建模。但不同农作物以及不同生长周期农作物的生长形态迥异,农情分析模型不具备通用性,限制了智能化决策和精准化作业的发展。

2. 基础设施和人才建设不够完善

发达国家高度重视智能决策技术与农业领域的融合发展,正在逐步完善相关内容。农业认知计算(可用于发现农业知识)、深度学习与机器视觉(可用于实现病虫草害识别、目标检测等)、5G 技术(可用于大容量农业视频/遥感图像传输)、农业物联网、大数据、云计算与边缘计算(可用于农业生产精准管控)、虚拟助手(可用于果树剪枝辅助、动物手术以及农业交互式培训)等一系列深刻影响农业发展的核心技术正驱动着农业智能决策技术的飞速发展。但是,目前适应农业智能决策发展的基础设施(如农业物联网)、政策法规(如农业数据共享机制)、标准体系(如农事作业标准)等方面均亟待建设和完善。同时农业科研投入和相关领域人才储备较缺乏,从事农业智能决策研究的尖端人才远远不能满足需求。

3. 农业机械化水平比较低

开展农业智能决策技术应用,最终需要落实到农业机械装备的支撑和应用上来。近年来,我国加大力度支持和推广全程、全面机械化,2020 年底我国主要粮食作物的耕、种、收综合机械化率达到了 71%,丘陵山区农作物的耕、种、收综合机械化率为 49%,设施园艺综合机械化率为 32%,畜牧养殖综合机械化率为 35%,水产养殖综合机械化率为 30%。然而,受农机产品需求多样化、机具作业环境复杂等因素影响,我国目前的农机化和农机装备的智能化水平与发达国家相比仍有 10~20 个百分点的差距,尤其是部分农机装备与农艺结合得不够紧密,制约了我国农业智能决策技术的大规模发展。

1.2 农业智能决策的技术研究领域

1.2.1 知识表示

知识表示是认知科学和人工智能两个领域共同存在的问题。在认知科学里,它关系到人类如何存储和处理资料。在人工智能里,其主要目标为存储知识,让程序能够处理问题,达到人类的智慧。知识表示是数据结构和控制结构及解释过程的结合,涉及计算机程序中存储信息的数据结构设计,以及对这些数据结构进行智能推理演变的过程。知识表示是推理和行动的载体,如果没有合适的知识表示,任何构建智能体的计划都无法实现。农业知识表示的内容是农业生产经验、自然规律等,以本体为核心,以 RDF(资源描述框架)三元组为框架,表达实体、标签、属性、关系等多层语义关系。农业上对知识表示开展了多项研究,主要采用逻辑表示法、框架表示法、语义网等方法进行农业知识的描述。合理优化、设计知识表示方案,能更好地表达关系复杂的多维度农业信息,能决定下游的知识推理和上游的知识获取的形式与难度。

1.2.2 知识推理

知识推理是通过已有知识推断出未知知识的过程,实质上是指利用已有的知识来推断出新的或未知的知识,从而拓展、补充和丰富知识库。知识图谱中的推理主要针对实体关系进行,能够辅助推理出新的事实、新的关系、新的公理以及新的规则,并以此对知识图谱进行补全。知识推理主要基于逻辑规则、图结构、分布式表示、神经网络等方法。在农业领域,基于逻辑规则的农业知识推理研究较为普遍。目前,知识推理主要以提升规则挖掘效率和准确度为目标,农业领域的大多数研究都采用基于规则的推理方法,而人工制定规则对专家知识要求很高,对人力及时间的消耗巨大。随着深度网络技术的日益成熟,用神经网络代替基于规则和图的推理将是未来研究的发展方向。

1.2.3 计算智能

人工智能(AI)概念在 1956 年由麦卡锡等学者提出,其发展几经浮沉。基于对智能产生机制的不同理解,人工智能发展至今学派众多,且相互借鉴,形成了一系列代表性成果。无论是早期的符号计算(以数理逻辑为基础)、进化计算、支持向量机、贝叶斯网络,还是当前在工业界获得巨大成功的基于多层神经网络的深度学习方法,从模型的本质上来看都建立在图灵机的基础上,即"任何在算法上可计算的问题同样可由图灵机计算"。换句话说,现有的人工智能模型本质上都是与图灵计算模型等价的,故可归为计算智能。

计算智能是指以数据为基础,以计算为手段来建立功能上的联系(模型),从而对问题进行求解,以实现对智能的模拟和认识;也指用计算科学与技术模拟人的智能结构和行为。计算智能强调通过计算的方法来实现生物内在的智能行为。计算智能一般以计算机为中心,以算法理论为基础,充分利用现代计算机的计算特性,给出解决实际问题的形式化模型和算法。计算智能的研究内容包括人工神经网络、遗传算法、模糊逻辑、人工免疫系统、群体计算模型(ACO、PSO 等)、支持向量机、模拟退火算法、粗糙集理论与粒度计算、量子计算、DNA 计算、智能代理模型等。近年来,大数据的使用、算力的提升和深度模型的发展,为计算智能带来了新的契机。大数据、高算力、深度模型三者结合,极大地推进了计算智能的农业化应用,以机器视觉为代表的猪脸识别、语音识别、作物长势识别、病虫害识别、自动驾驶等在农业应用中取得了巨大成功。当前计算智能主要存在脑启发计算、复杂系统模拟、演化智能和人机混合智能等多种智能范式,从农业过程数据入手是探索和实现新型智能范式的基本途径。

1.2.4　专家系统

专家系统(expert system,ES)是一种在特定领域内具有专家水平的解决问题能力的程序系统。它能够有效地运用专家多年积累的有效经验和专门知识,通过模拟专家的思维过程,解决需要专家才能解决的问题。专家系统属于人工智能的一个发展分支,自 1968 年费根鲍姆等人成功研制第一个专家系统 DENDRAL 以来,专家系统获得了飞速的发展,并且运用于农业、医疗、军事、地质勘探、教学、化工等领域,产生了巨大的经济效益和社会效益。

农业专家系统是农业专家知识和信息技术相结合的产物。农业专家系统可应用于农业的各个领域,如农作物栽培、植物保护、配方施肥、农业经济效益分析、市场销售管理等。例如,病虫草害防治专家系统是针对农作物不同时期出现的各种症状和不同环境条件,诊断可能出现的病虫草灾害,提出有效的防治方法。栽培管理专家系统是在各个农作物的不同生育期,根据不同的生态条件,进行科学的农事安排,其中包括栽培、施肥、灌水、植物保护等。栽培部分包括品种选择、种子准备、整地、播种、田间管理与收获,优化它们之间及其与产量之间的关系;施肥部分主要是优化肥料与产量的关系;水分管理部分主要是合理灌排,优化水分与产量的关系;植保部分主要是病虫草害的预测和控制。国际上农业专家系统的研究始于 20 世纪 70 年代末,以美国的最为先进和成熟,重点在农作物病虫害诊断、农作物生长管理、农机作业等方向开展研究;我国的农业专家系统开发始于 20 世纪 80 年代,在农作物水肥管理、病虫害监测预警等方面取得了持续进步。2017 年 7 月,国务院印发了《新一代人工智能发展规划》,明确提出:"建立典型农业大数据智能决策分析系统,开展智能农场、智能化植物工厂、智能牧场、智能渔场、智能果园、农产品加工智能车间、农产品绿色智能供应链等集成应用示范。"

1.2.5　机器学习

机器学习是一门多领域交叉学科,涉及概率论、统计学、逼近论、凸分析、算法复杂度理论等多门学科,专门研究计算机怎样模拟或实现人类的学习行为,以获取新的知识或技能,重新组织已有的知识结构使之不断改善自身的性能。

机器学习是人工智能的核心,是使计算机具有智能的根本途径,它的应用已遍及人工智能的各个分支,如专家系统、自动推理、自然语言理解、模式识别、计算机视觉、智能机器人等领域。机器学习始于神经心理学研究,赫布理论开启了机器学习的篇章,研究了循环神经网络(recurrent neural network,RNN)中的节点之间的相关性,可以简略地把人工智能的研究发展过程简化为从感知器(Rosenblatt,1957)、神经网络(Rumelhart等,1986)、支持向量机(Vapnik等,1995)到深度学习和增强学习的基于时序的算法进化过程。

机器学习可以应用于农业全产业链中,包括从育种、生产经营管理到农业数据决策,可以改造提升农业产业的效率和效益,促进农业提质增效、农业资源的高效合理流动,解决资源分布不均衡的问题,推动城乡融合发展,对于服务"三农"具有重要的意义。目前,机器学习在农作物及动物、微生物育种方面的应用,可以帮助育种学家在育种平台上模拟农作物的生长,以评估不同生态要素组合下的农作物表现,从而加快农作物育种速度,缩短农作物育种周期;在农作物病虫害防治方面的应用,实现了更精准的病虫害诊断,解决了病虫害人工诊断速度慢、不准确等问题;在农作物生产过程智能管理方面的应用,可以优化农业生产的投入,节约种子、化肥、农药等各种投入品的用量,并通过优化投入的时间和空间,在与外界环境的交互中,提高农作物的生产目标。

1.2.6 机器视觉

机器视觉是一项综合技术,包括图像处理、机械工程技术、控制、电光源照明、光学成像、传感器、模拟与数字视频技术、计算机软硬件技术(图像增强和分析算法、图像卡、I/O卡等)。一个典型的机器视觉应用系统包括图像捕捉、光源系统、图像数字化模块、数字图像处理模块、智能判断决策模块和机械控制执行模块。首先采用CCD(CMOS)摄像机获取图像,经采样量化后将模拟图像转换为数字影像或数字信号传送到图像处理系统。图像处理系统对这些信号运用各种运算方法进行目标特征的提取,如目标的颜色、位置、大小等,最后根据预设的判定标准输出所需结果、显示数据、控制执行模块完成预定操作。现在,机器视觉技术已经发展成为一门涉及人工智能、神经生物学、心理物理学、计算机科学、图像处理、模式识别等诸多领域的交叉学科。随着基于统计学模型的机器学习的快速发展,各种浅层机器学习模型相继被提出。结合机器学习相关统计学特征的算法使得机器视觉系统的精度和效率都有了很大提升。

目前,机器视觉技术在农业生产中的应用范围很广,涉及农业生产的各个环节:在农业生产前期,机器视觉可以用于农作物种子的精选和质量检验;在农业生产环节,机器视觉可以用于农作物病虫害的监视、植物生长信息的监测、果蔬的检测等;在农业生产后期,机器视觉可以用于水果分级、粮食无损检测等。机器视觉也被广泛应用在农业机械上,可以提高生产效率、节约劳动力、提高农业自动化水平。

1.2.7 机器人学

机器人学(英文:robotics)是与机器人设计、制造和应用相关的科学,又称为机器人技术或机器人工程学,主要研究机器人的控制与被处理物体之间的相互关系。机器人学涉及的学科很多,包括运动学和动力学、系统结构、传感技术、控制技术、行动规划和应用工程等。现在,机器人与各学科的交叉研究变得非常丰富。在信息学方面,机器人得到了最广泛的应用,工业机器人、服务业机器人以及国防机器人逐渐开始代替人工完成制造业、服务业以及国防安全领域的各种工作;在纳米技术研究方面,机器人学促进了微纳机器人的发展,并逐渐在环境监测、生物学方面找到应用结合点;在生物医学方面,许多原型机给科学家们提供了机理验证的实验平台。如今,机器人已经不再是简单的自动化机器,而是人们在各种领域的得力"助手"。机器人技术的研究和应用已从传统的工业领域快速扩展到其他领域,如医疗康复、家政服务、外星探索、勘测勘探等。然而,无论是传统的工业领域还是其他领域,人们对机器人性能要求不断提高,需要机器人面对更极端的环境、完成更复杂的任务,因此,这为机器人的研究提供了新的动力。

农业机器人是指用于农业生产,具有感知、决策、控制与执行能力的多自由度自主作业装备,主要包括信息感知系统、决策控制系统、作业执行机构、自主移动平台,即"眼、脑、手、脚"。在工程实际应用中,农业机器人与人工智能、大数据、云计算、物联网相结合,构成了农业机器人应用系统,它丰富了农业机器人概念的内涵与外延。农业机器人是在复杂的非/半结构化环境下,主要以生物活体为作业对象,服务于农业生产的单机、多机自主作业装备或系统,它是智能农业装备的高端形态,具有对作业环境、操作对象、装备状态、人员行为等信息的全域感知能力,融合了机器学习、知识推理、人机交互、作业规划等的自主决策能力,以及具备灵巧作业、动态伺服、运动协同、多机协作等精准执行能力,能在繁重、恶劣、有危害的作业场景下实现精准、高效的生产目标。农业机器人按照作业对象不同可以分为种植机器人和养殖机器人。种植机器人包括田间种植机器人、果园种植机器人、设施种植机器人等,养殖机器人包括畜禽养殖机器人、水产养殖机器人等。

1.2.8　大数据技术

大数据本身是一个比较抽象的概念,单从字面来看,它表示数据规模的庞大。比较有代表性的是 5V 定义,即认为大数据需满足 5 个特点:volume(大量)、velocity(高速)、variety(多样)、value(低价值密度)和 veracity(真实性)。大数据价值的完整体现需要多技术协同,文件系统可提供最底层存储能力的支持。为了便于数据管理,在文件系统之上要建立数据库系统,通过构建索引等内容,对外提供高效的数据查询等常用功能,最终通过数据分析技术从数据库的大数据中提取出有益的知识。在大数据处理流程中,最核心的部分就是对数据信息进行分析处理,因此所运用到的分析处理技术就至关重要。提起大数据的分析处理技术,就不得不提起"云计算",这是大数据处理的基础,也是大数据分析的支撑技术。分布式文件系统为整个大数据提供了底层的数据存储支撑架构;为了方便数据管理,在分布式文件系统的基础上建立分布式数据库,提高数据访问速度;在一个开源的数据实现平台上利用各种大数据分析技术可以对不同种类、不同需求的数据进行分析整理,得出有益信息,最终利用各种可视化技术形象地显示数据结果,满足用户的各种需求。目前常用的大数据技术主要包括云计算技术和 MapReduce、分布式文件系统、分布式并行数据库、开源实现平台 Hadoop、可视化技术等。

从近年来的实践来看,农业大数据是农业领域全要素、全时、全域、全样本的数据集合,人们常应用大数据理念、技术和方法来处理这些数据集合。农业大数据除了具备一般大数据的数据量大、处理速度快、数据类型多等特征之外,还包含农业领域独有的特征:一是数据涉及领域广,纵向看包括种植业、畜牧业、渔业的全产业链数据,横向看涉及生产、经营、管理、服务数据。二是数据跨越周期长,农业生产周期一般以年为单位,同一个数据类型在不同年份也有变化。例如,冬小麦生长的积温和水盐动态差异较大,直接影响其关键时期的生长发育。三是数据采集难度大,农业受自然因素影响较大,而且数据采集又涉及生物、环境、经济、社会等方面,有的数据指标因没有合适的传感器而无法采集。四是数据处理较为繁杂,农业生产是一个开放的复杂系统,数据维度众多,数据处理难度大。农业大数据已成为现代农业的新型资源要素,也是重要的农业科技创新方向,不仅助力于现代农业的生产、经营、管理和服务,而且还催化三产融合。

1.2.9　自然语言处理

自然语言处理(natural language processing,NLP)是计算机科学领域与人

工智能领域中的一个重要方向,它研究人与计算机之间用自然语言进行有效通信的各种理论和方法。自然语言处理是一门融语言学、计算机科学、数学于一体的科学。因此,这一领域的研究将涉及自然语言,即人们日常使用的语言,所以它与语言学的研究有着密切的联系,但又有重要的区别。自然语言处理属于计算机科学的一部分,其重点在于研制能有效实现自然语言通信的计算机系统,特别是软件系统。自然语言处理是人工智能取得突破的决定要素和攻关主阵地,人工智能取得重大突破的具体表现应该是自然语言处理和自然语言理解方面的突破,且这两种技术在很大程度上决定着人工智能的发展和走向。传统自然语言处理技术的典型应用包括分词、词性标注、句法依赖分析、命名实体抽取、关键字抽取、生成式摘要等。传统自然语言处理技术是基于词频或 TF-IDF 词向量的,因而丢失了文本中的大量词序及语义信息。因此在后续的处理过程中,传统自然语言处理技术无法实现语义层面的处理,无法发掘字词与上下文的关系,在"理解"层面远不如新一代的基于深度学习模型的自然语言处理技术。以深度学习为基础的新一代自然语言处理技术,基于词向量技术使得深度学习在自然语言处理领域迅速得到推广和应用,并在语音识别、命名实体识别、文本自动分类、情感分析等高级自然语言处理任务中不断刷新准确率纪录。

自然语言处理技术在农业领域的应用场景非常普遍。如在新一代的农业大数据应用中,可利用自然语言处理技术,根据时间、空间范围、地点、农作物名称等信息,从文献中识别并抽取出所需要的统计数据,并用于专业领域建模分析。在农技推广领域,聊天机器人也发挥出越来越重要的作用,即让农业生产者可以通过移动设备连接并行计算网络中的知识库,随时随地获得自己需要的知识。利用自然语言处理工具,农业科学家可以快速发现科技文献中所蕴含的隐性知识,甚至可以推理发现不同文献中的逻辑和知识关联。新一代自然语言处理技术给农业大数据领域带来了更多可能,在农业领域智能化应用中具有不可或缺的意义。

第2章
知识推理

2.1 知识推理的基本概念

知识推理是指利用已知的事实和规则进行逻辑推理和推断的过程。它基于已有的知识和经验,通过逻辑推理和推断技术,从已知的事实中推导出新的结论。在农业中,知识推理的目的是利用已有的农业知识和经验,解决农业生产中的问题、做出决策、生成新的农业知识。知识推理在农业中具有重要意义,可以提高生产效率、保护农作物和动物的健康,并优化农业资源的利用。

知识推理作为人工智能领域的核心技术之一,其发展历史可以追溯到二十世纪五六十年代的早期人工智能研究。早期的知识推理系统主要基于规则和逻辑推理的方法。例如,约翰·麦卡锡(John McCarthy)和帕特里克·海斯(Patrick J. Hayes)在1969年提出了基于谓词逻辑的知识表示和推理系统——逻辑程序(logic programming)设计。随着人工智能技术的发展,知识推理的研究逐渐与其他技术相结合,以语义网络和专家系统的知识表示和推理方法作为重要的发展基础,形成了更加综合和高效的推理系统。语义网络是一种将知识组织成节点和连接的图形结构。到了二十世纪七八十年代,知识推理进一步发展为专家系统,这是一种设计用来模拟人类专家决策过程的计算机系统,它利用专家的知识和经验,通过推理引擎实现基于规则和逻辑的推理过程。这些系统集成了大量特定领域的知识和推理规则,用以解决复杂问题。最著名的专家系统之一是1970年代开发的MYCIN系统,该系统能够诊断血液感染情况和推荐抗生素治疗方案。随着互联网的普及和信息量的激增,从1990年代至21世纪初,关于专家系统的研究重点转向了如何组织和管理大规模知识系统。本体论和语义网络成为热点,它们通过定义一组标准化的术语来描述和组织知识。这些技术推动了语义网络的发展,帮助机器更好地理解和处理复杂的数据关系。进入21世纪,随着机器学习、深度学习和自然语言处理等技术的快速发展,知识推理也在不断演进,开始融合这些新兴技术来处理更加复杂的推理任务。图神经网络和深度增强学习等技术被用来从大量数据中学习知识结构和推理模式,这标志着知识推理朝着更加自动化和智能化的方向发展。

知识推理广泛应用于各个领域,如自然语言处理、机器视觉、智能问答系统等。在自然语言处理中,知识推理可以帮助理解和生成自然语言文本,进行文本分类、语义分析和信息检索。在机器视觉领域,知识推理可以用于图像识别、目标检测和场景理解等任务。智能问答系统则利用知识推理技术,从大量的常识和知识库中获取信息,回答用户提出的问题。知识推理尽管在人工智能领域取得了显著的进展,但仍面临着一些挑战。首先,如何有效地表示和存储大规模的知识仍是一个难题,特别是在知识图谱构建和维护方面。其次,如何将不同形式和来源的知识进行统一和集成,以支持更复杂的推理过程也是一个难题。此外,知识推理还面临着数据稀疏性和推理效率的问题。未来的知识推理研究方向包括知识表示和推理的深度学习方法、跨模态的知识推理、知识推理与强化学习的结合等。随着技术的不断进步,知识推理将在解决实际问题、增强人工智能系统的智能性和适应性方面发挥更重要的作用。

2.2 知识推理的关键技术

2.2.1 知识表示

知识推理的基础是有效的知识表示,知识表示是指将人类知识以计算机可理解的格式进行编码和呈现的过程。它是知识推理的基础,旨在通过特定的数据结构、符号或模型,将人类的知识和经验转化为计算机能够处理和理解的形式。这种表示方法不仅涉及事实性知识的描述,还包括规则、策略以及更深层次的抽象概念。

知识表示具有以下几方面的特点:

(1)适应性。适应性要求知识表示方法能够灵活应对不同应用需求和问题,能够表示和处理多种类型的知识。这意味着知识表示方法需要具备足够的弹性和可扩展性,以适应各种复杂多变的推理场景。只有具备适应性的知识表示才能在不断变化的应用环境中保持有效性。

(2)充分性。为了提高推理过程的准确性和完整性,知识表示应全面、准确地捕捉所要表示的知识内容和关系,同时尽可能保留丰富的细节信息。这样,知识推理过程能够提供充足的上下文和背景,使得推理结果更加可靠和全面。

(3)精确性。精确性在知识表示中尤为重要。知识表示必须准确无误地表达所要表示的知识,避免产生歧义和模糊性。精确的知识表示能够确保计算机在推理过程中正确理解和应用知识,从而得出可靠的结论。只有通过精确的知识表示,才能保证推理结果的可靠性和可信度。

(4)可扩展性。可扩展性是知识表示方法必须具备的特性之一。随着知识的不断更新和增长,知识表示方法应能方便地扩充、修改和组合。这要求知识表示结构具有良好的模块化结构和可复用性,在需要时能够轻松添加新知识或修改现有知识。只有具备良好可扩展性的知识表示方法,才能适应不断变化的知识需求。

(5)高效性。知识表示的存储和处理应具有高效性,以确保在实际应用中达到可接受的性能要求。这包括快速存储、检索和推理操作,以满足实时或接近实时的应用需求。高效的知识表示方法能够在保证推理质量的同时,提高系统的整体性能和响应速度。

综上所述,知识推理技术依赖于有效的知识表示,知识表示基于适应性、充分性、精确性、可扩展性和高效性等特点,实现了将人类知识和经验转化为计算机可处理形式的目标。这些特点共同保障了知识推理技术在不同应用场景中的广泛适用性和有效性。

2.2.2 逻辑推理

逻辑推理是知识推理中的基础形式,广泛应用于需要严格证明和验证的领域。其核心在于使用形式逻辑(如命题逻辑和谓词逻辑)来推导信息。逻辑推理通过定义明确的公理系统和推理规则,从一组已知前提出发,通过逻辑运算(例如合取、析取、蕴含等)推导出新的结论,包括演绎推理、归纳推理和类比推理等多种形式。逻辑推理不仅是一种理性思维过程,还是一种严谨的方法论。它要求推理者遵循特定的推理规则,以确保推理的有效性和正确性。由于逻辑推理的精确性和严密性,它在需要严格证明和验证的领域中得到了广泛应用,如种植决策和医疗诊断等。

逻辑推理最显著的特点之一是严谨性。基于严格的数学逻辑,逻辑推理通过明确的公理系统和推理规则来保证推理的正确性。这种严谨性确保了推理结论的可靠性和系统的稳定性,使其成为科学研究和技术应用中的重要工具。

可解释性是逻辑推理的另一重要特点。逻辑推理的步骤是透明的,每一步推理都可追溯,为解释和验证推理过程提供了便利。在需要高度可信赖性的应用场景中,逻辑推理的可解释性尤其重要,因为它能够帮助用户理解和信任推理过程和结论。

逻辑推理还具有系统性,其作为一种结构化的思维方法,要求推理者按照特定步骤和程序进行推理,形成一个完整、连贯的推理体系。这种系统性有助于推理者全面、深入地分析问题,并得出正确的结论。

此外,逻辑推理通常采用形式化的语言或符号来表示推理过程和结论,这使得推理过程更加清晰、明确,便于理解和验证。形式化是逻辑推理严谨性和系统性的保障,使得复杂推理过程能够以简洁明了的方式呈现。

逻辑推理的结论可以通过验证来确认其正确性。通过给定的前提和推理规则,其他人可以独立地验证推理过程和结论的正确性,从而确保逻辑推理的公信力和可靠性。这种可验证性是逻辑推理在科学和技术应用中的一个重要优势。

灵活性与扩展性也是逻辑推理的显著特点。逻辑推理框架允许灵活地引入新的逻辑运算符和推理规则,以适应不同的应用需求。例如,模糊逻辑和概率逻辑的引入,可以帮助处理不完全或不确定信息的推理问题。这种灵活性使逻辑推理能够应对更加复杂和多变的实际情况。

逻辑推理为知识推理提供了坚实的思维基础和方法论。它使得知识推理能够从已知的事实或前提出发,通过严密的推导过程得出新的结论或知识。同时,逻辑推理的严谨性和系统性也保证了知识推理的正确性和有效性,使得推理结果更具说服力。在智慧农业领域,逻辑推理的应用能够有效提升农业生产管理的决策水平,为实现精准农业提供有力支持。

2.2.3 规则推理

规则推理,又称为基于规则的推理,是一种在知识推理中广泛使用的方法。规则推理依赖于一组预定义的规则(例如"如果-那么"(if-then)语句),通过匹配这些规则来对知识进行推理。每条规则由一个条件(规则前件)和一个结论(规则后件)组成,系统通过检查条件是否满足来决定是否执行结论。规则推理是人工智能和专家系统中常用的一种推理机制,它允许系统根据已知的规则和事实来推导出新的结论或执行相应的操作。

在规则推理中,存在着一些关键概念。

① 条件(antecedent) 条件是规则推理的前提,它描述了一组满足实际情况的条件。条件是对领域知识和事实的描述,用于指导推理过程。

② 结论(consequent) 结论是规则推理的推导结果,它表示推理根据条件得出的结论或决策。结论是基于条件的逻辑推理的结果,用于作出相应的行动或决策。

③ 规则(rule) 规则是由条件和结论组成的推理规则。一条规则描述了一种推理模式,它表示如果满足特定条件,则推导出特定结论。

规则推理不仅易于理解和实现,还具有多种显著特点,使其在实际应用中发挥着重要作用。

① 规则推理易于理解和实现是其显著特点之一。由于规则以直观的"如果-那么"这种形式表达，领域专家可以轻松理解和验证规则的含义。这种形式的表达使得领域知识和经验能够直接被计算机处理，从而简化了系统的开发和维护过程。

② 规则推理系统具有高度的模块化特点。每条规则相对独立，系统可以通过添加或修改规则来扩展或更新其知识库，而无须重新设计整个系统。这种模块化设计赋予规则推理系统极高的灵活性和可扩展性，使其能够迅速适应变化的需求和环境。

规则推理在决策支持系统中的表现尤为出色，特别是在规则和程序可以明确定义的领域，如财务、医疗诊断和法律咨询。通过一组详尽的规则库，系统可以自动化地执行决策过程，减轻专家的工作负担。例如，在医疗诊断中，规则推理系统可以根据患者的症状和病史迅速生成诊断建议，帮助医生做出更准确的判断。此外，规则推理系统反应速度快，规则的匹配和执行过程非常高效，这使得规则推理系统特别适合需要实时或近实时处理的应用，如实时监控和响应系统。在这种情况下，系统能够迅速分析输入信息并做出相应反应，从而提高了系统的响应能力和处理效率。

规则推理方法还具备较高的透明性和可解释性。由于推理过程可以被逐步分解和跟踪，因此规则推理的结果可以被清晰地解释和验证。这种透明性使得推理结果更容易被理解和接受，特别是在需要高可信度和可追溯性的应用场景中，如法律判决和金融决策等场景。规则推理方法对知识推理在实际应用中的效果产生了重要影响。通过逻辑推理和推断，规则推理从已知条件出发推导出新的结论。这种方法不仅直观有效，而且具有广泛的应用前景。例如，在农业智能化管理中，规则推理可以用来制订农作物种植方案、管理病虫害防治和优化资源配置，从而提高农业生产的效率和收益。

规则推理是知识推理中的一种重要推理方法，它以规则为基础，通过逻辑推理和推断，从已知的条件中推导出新的结论。规则推理具有易于理解、灵活可扩展、透明可解释等特点，对知识推理在实际应用中的效果产生重要影响。规则推理方法为解决问题和制定决策提供了一种直观、有效的推理方式，具有广泛的应用前景。

2.2.4　语义网络

语义网络是知识推理中一种基于节点和连接的图形结构，用于表示和组织领域中的知识和概念。在语义网络中，节点表示概念或实体，连接表示概念之间的关系。通过建立节点和连接之间的语义关系,语义网络可以描述事物之间的语义关联和逻辑关系。在语义网络中,存在着以下关键概念。

① 节点(node) 节点表示语义网络中的概念或实体,代表领域中的事物,如物体、概念、属性等。每个节点由一个或多个符号表示,以标识和描述唯一概念。

② 连接(link) 连接表示语义网络中节点之间的关系。连接可以是有向或无向的,用于描述概念之间的语义关联和逻辑关系。

③ 特征(attribute) 特征是连接上的属性或附加信息,用于进一步描述节点之间的关系。特征可以是关系类型、强度、权重等。

语义网络在知识推理中具有丰富的表达能力、良好的灵活性和推理效果以及可视化和可解释性等特点,成为智能化知识推理系统的重要支撑技术。

语义网络以图形结构的方式表达丰富的语义关系和概念之间的联系。每个节点代表一个概念或实体,节点之间的连接表示语义关系。通过这种方式,语义网络能够全面地表达领域知识和概念,为推理提供丰富的信息。例如,在农业领域,语义网络可以用来表示农作物、环境因素、农业操作等之间的复杂关系,从而为智能农业系统提供全面的知识基础。

语义网络的灵活性是其重要特点之一。这种灵活性允许语义网络在不同层次上组织知识,将知识结构化,支持多种语义关系的建立和使用。用户可以根据需要来调整和修改节点之间的连接,以适应不同领域和问题的需求。这种灵活性使得语义网络能够随时更新和扩展,保持知识库的动态性和实用性。例如,在应对新出现的病虫害时,我们可以迅速调整语义网络,添加新的知识节点和关系,及时更新农业管理策略。

在推理效果方面,语义网络表现出色。利用节点和连接之间的语义关系,语义网络能够进行基于关联的推理和推断。节点之间的关系传播和信息传递,使得跨节点的推理成为可能,显著提高了推理的效果和准确性。例如,农业专家系统可以利用语义网络,根据气候变化预测农作物生长状况,并提出相应的管理建议,提高农业生产的效率和收益。

语义网络的可视化和可解释性也是其显著优势之一。以图形结构呈现的语义网络,使得知识和推理结果更易于理解和解释。用户可以直观地观察和分析知识和推理过程,增加对推理结果的信任度和接受度。这种可视化能力在农业智能化管理中尤为重要,例如,农民可以通过直观的语义网络图,了解不同农作物生长条件之间的关系,从而做出更科学的种植决策。

语义网络是知识推理中一种直观、有效的知识表示方法。在智慧农业领域,语义网络不仅提供了全面、可扩展的知识表示方式,还支持高效、准确的推理过程,为实现智能化农业管理提供了坚实的技术支持。

2.2.5 不确定性推理

不确定性推理是在知识推理过程中,推理和推断不确定性信息的处理方式。不确定性是指在领域知识和推理过程中存在的不完备、模糊、不准确的信息。农业领域的知识推理常常涉及不确定性。不确定性推理能够处理农业领域中的不确定性信息,如模糊信息、不完全信息和不确定知识等。不确定性推理是知识推理领域中的一种方法,用于处理和推导在不完全、不精确或有噪声的信息条件下的知识。这种推理方法考虑了信息的不确定性,并尝试在这种不确定性下做出最合理的推断。不确定性推理的核心在于利用数学模型和逻辑框架来量化和管理不确定性,常见的方法包括概率推理、模糊逻辑、贝叶斯网络、证据推理等。利用不确定性处理技术,可以更好地处理农业领域中的模糊问题和不确定因素,提高推理结果的准确性和可靠性。

在不确定性推理中,存在以下关键概念。

① 不确定性信息(uncertainty information)　不确定性信息是指在知识表示和推理中存在的不确定、不可靠或不完备的信息,例如概率分布、模糊信息、属性缺失等。

② 不确定性度量(uncertainty measures)　不确定性度量是用来度量和表示不确定性信息的程度或强度的方法,常见的不确定性度量包括概率、模糊度、信息熵等。

③ 不确定性推理规则(uncertainty reasoning rules)　不确定性推理规则是基于不确定性信息进行推理的规则,不同的不确定性推理规则有不同的推理模型和推理方法。

不确定性推理能够对知识推理产生影响,以下介绍不确定性推理的常用方法和主要特点。

1) 常用方法

① 概率推理　不确定性推理常用的一种方法是概率推理,它通过概率模型来表达信息的不确定性。例如,贝叶斯网络就是一种利用条件概率表达不确定性知识和推理的工具,它允许系统在已知部分信息的条件下,推断出其他未知信息的概率。

② 模糊性管理　模糊性管理是处理不确定性推理的另一种方法,它允许变量取值在某种程度上是模糊的,例如"高""中""低"等模糊概念,而不是传统逻辑中严格的真或假。这种方法适合处理自然语言和人类认知中常见的模糊边界问题。

③ 证据理论 证据理论(或 Dempster-Shafer 理论)提供了一种在多个证据源存在的情况下整合不确定信息的方法。这种方法不仅可以处理概率信息,还可以处理不完全信息,允许系统在证据不足时保留判断,而不是强制做出可能错误的决策。

2)主要特点

① 适应性强 不确定性推理系统通常具有较强的适应性,能够在数据不断变化的环境中更新其推理结果。例如,贝叶斯网络可以通过新的观测数据来更新其网络结构和条件概率表,从而适应新的环境和数据。

② 决策支持 在很多实际应用领域,如医疗诊断、金融分析等领域,不确定性推理能够提供一种强大的决策支持工具,通过量化不确定性和可能性,帮助决策者在信息不全或不准确时做出合理的决策。

这些方法和特点可对知识推理产生重要影响,能够让不确定性推理更好地处理领域知识和推理过程中的不确定性信息,提供可信度更高的推理结果,为决策制定和问题求解提供一种灵活、有效的推理方式。

2.2.6 本体论

本体论是知识推理中的一个重要领域,旨在描述和组织领域中的概念和实体之间的关系,用于定义和组织领域知识的形式化表示。本体是知识领域的共识性概念和语义模型,它提供了一种形式化的描述方式,用于表示领域中的概念、实体和它们之间的关系。本体论通过提供一个共有的、严格定义的术语系统,支持信息的共享和重用,增强数据的互操作性和推理能力。

在本体论中,存在以下关键概念:

① 本体(ontology) 本体能够对领域中的概念和实体以及它们之间的关系做形式化表示。本体描述了领域的基本概念、属性和关系,并提供形式化的定义和约束条件。

② 类(class) 类是本体中的基本组织单元,用于表示领域中的概念和类别。类描述了具有相似特征和属性的实体集合。

③ 属性(property) 属性是本体中的描述性信息,用于描述实体的特征、关系或关联。属性描述了实体的属性值和属性之间的关系。

④ 关系(relationship) 关系描述了实体之间的关联和连接。关系可以是层次关系、关联关系等,用于表示实体之间的语义和逻辑关系。

本体论在知识推理中具有以下主要特点:

① 标准化和共享 本体论的一个核心目标是提供一个标准化的词汇表,用于描述特定领域的知识。这种标准化支持知识的共享,使得来自不同背景的系

统和人员能够以一致的方式理解和处理信息。

② 一致性和准确性　本体能够提供一致性和准确性的领域知识描述。规范的本体模型和定义,可以确保领域知识的一致性和准确性,消除语义的歧义和模糊性。

③ 推理和推断支持　本体提供了推理和推断的基础。通过对本体中的概念、属性和逻辑关系进行建模,可以使用推理机制进行推理和推断,根据已有的知识推导出新的结论。

④ 复杂关系和推理支持　本体论不仅描述实体和属性,还能定义复杂的关系和规则,这些可以被用来执行复杂的逻辑推理。例如,基于推理规则,可以自动推导出未显式表示的信息(如类的继承关系、属性的传递性等)。

⑤ 灵活性和扩展性　本体支持动态修改和扩展。随着领域知识的发展,本体可以灵活地添加新的概念和关系,而不会影响到现有的知识结构。这使得本体成为一种适应性强的知识表示方法。

⑥ 可维护性和可重用性　本体的结构化和明确的定义使得其维护相对容易,并且本体支持知识的重用。开发者可以利用已有的本体作为构建新系统的基础,从而节省时间和资源。

本体论提供了一种形式化的知识推理基础,为知识表示、推理和应用提供了规范和标准。本体论方法可以实现领域知识的共享、推理和交互,并提高知识推理的精确性、一致性和准确性。本体论对知识推理系统的发展和应用具有重要的指导意义。

2.2.7　机器学习与深度学习

近年来,机器学习和深度学习技术已被广泛用于支持复杂的知识推理任务。通过训练数据自动学习数据间的潜在关系和模式,这些技术能够支持那些传统逻辑和规则推理方法难以处理的问题。特别是深度学习中的图神经网络,它能够直接在图结构数据上进行学习和推理,为处理复杂的知识结构提供了强大的工具。

机器学习是人工智能的一个分支,它能够让计算机系统从数据中学习并改进其任务执行能力,而无须进行明确的编程。机器学习模型通过分析和处理大量数据,自动识别出数据中的模式和规律,并用这些学到的知识做出决策或预测。深度学习是机器学习的一个子集,它使用多层神经网络来模拟人类大脑处理数据的方式。深度学习模型由多层(深层)的神经网络构成,能够从大量数据中自动学习复杂的特征表示。

机器学习与深度学习用于知识推理主要具有以下能力。

① 自动特征提取的能力。深度学习模型擅长自动从原始数据中提取有意义的特征,这一点对于知识推理极为重要,意味着模型无须人工介入就能够自动识别和利用那些对预测或分类至关重要的特征。

② 处理大规模数据的能力。机器学习和深度学习算法具备处理和分析大量数据集的能力,这在传统的知识推理系统中通常是不可行的。因此,相关算法在需要对庞大数据集进行分析以获得有意义见解的领域(如大数据分析、图像和语音识别等)中显得十分有效。

③ 强化学习和自适应推理的能力。强化学习技术使得模型不仅能够学习如何执行任务,还能够根据反馈自我优化。这种技术能在动态环境中对策略做出调整,提供了一种有效的决策和推理方法。

④ 端到端学习的能力。深度学习模型可以实现端到端的学习,这意味着输入系统的可以是原始数据,而输出系统的则是直接的决策或分析结果。这种方法简化了传统推理系统中可能需要的多个处理步骤,提高了处理效率和准确性。

⑤ 模型的泛化能力。机器学习模型尤其是深度学习模型,通常具有良好的泛化能力,意味着它们能够在新的、未见过的数据上表现良好。这对于建立可靠的预测模型和推理系统来说是至关重要的。

机器学习和深度学习的这些能力极大地影响了知识推理领域,使得复杂的推理任务可实现自动化和优化。它们不仅提高了系统的处理速度和效率,还通过提供深入的数据分析能力,提高了系统的决策和推理质量。这些技术的融合和应用正在推动知识推理向更高的自动化和智能化方向发展。

2.3 知识推理的农业应用

2.3.1 农业跨媒体检索与智能问答

知识推理技术在跨媒体检索与智能问答系统中的应用日益增多,尤其在农业领域,知识推理技术的发展和应用极大地提高了信息检索的效率和问答系统的准确性,从而支持农业生产的精准管理和决策制定。下面从数据整合、语义分析、问答优化等方面介绍知识推理技术在农业跨媒体检索与智能问答中的应用情况。

首先,跨媒体检索系统利用知识推理技术整合多种数据源,如文本、图像和视频数据,通过构建知识图谱和实现数据的语义理解,使得系统能够处理和响应来自不同媒介的查询请求。例如,农业领域的跨媒体检索系统可以通过分析图像来识别农作物病害,同时通过文本数据提供治疗建议和预防措施。这种类型的系统能够通过深度学习模型理解图像内容与文本描述之间的关联,进而提高检索结果的相关性和准确性。

其次,智能问答系统可通过自然语言处理技术和知识推理,理解用户的查询意图并提供精确的答案。在农业智能问答系统中,知识推理技术对农作物生长周期、农业政策、市场趋势等农业专业知识的复杂性和多样性特别关注,通过构建专门的农业知识库和应用语义分析技术,使得对应的系统能够解析复杂查询并提供数据驱动的答案,支持农业经营者做出有针对性的决策。

同时,知识图谱和语义分析技术能显著提高跨媒体检索和智能问答系统的性能。知识图谱不仅仅是存储信息的仓库,更通过其内部的关系网提供了一种强大的推理能力,使得系统可以通过关联分析提供更加丰富和深入的检索与回答。例如,系统可以通过分析历史数据、相似案例和专家建议等与农作物病害相关的多种信息源来提供综合的防治策略。

此外,知识推理技术还可以用于优化问答系统的交互设计,通过理解用户行为和偏好,个性化调整信息的呈现方式。这在农业应用中尤为重要,因为不同的农业经营者可能需要针对特定农作物、特定地区或特定季节的专业知识和建议。尽管现有技术已经能够支持高效的信息检索和智能问答,但农业领域的特殊需求和复杂性仍对现有技术提出了挑战。例如,如何更有效地处理和整合异构数据,提高系统的适应性和灵活性,以及如何提升系统对于非结构化数据(如图像和视频)的理解能力,都是当前研究的热点和难点。

总体来说,知识推理技术在农业跨媒体检索与智能问答系统中扮演着至关重要的角色,不仅提高了信息处理的效率和准确性,还为农业生产管理提供了强大的数据支持和决策工具。

2.3.2 农业语义检索

随着计算机技术和互联网的迅猛发展,农业领域的海量信息资源需要高效的检索和管理。传统基于关键字匹配的信息检索方法由于缺乏语义分析能力,无法满足现代农业信息化的需求。语义检索技术利用语义网、自然语言处理和本体等技术,对信息进行语义层次的理解和处理,提高了信息检索的精度和效率。农业语义检索技术是通过语义分析和自然语言处理技术,对农业领域的大量信息进行高效检索和准确匹配的技术。不同于传统的关键词检索,语义检索能够理解用户查询的意图,并在广泛的农业知识库中找到相关信息。

首先,语义检索依赖于构建全面的农业知识图谱。知识图谱包含了农业领域的概念、实体及其关系,例如农作物品种、病虫害、气候条件和农艺措施等。通过知识图谱,检索系统能够理解不同术语之间的关联,并在查询过程中使用这些关联信息来提高检索精度。其次,自然语言处理技术在语义检索中起着关键作用。自然语言处理技术包括文本预处理、词性标注、句法解析和实体识别等步骤,这些步骤能帮助系统将用户的自然语言查询转化为结构化的语义查询。例如,用户输入"如何防治小麦锈病",系统会进行识别,将"防治"作为行为,将"小麦锈病"作为对象,从而在知识图谱中找到相关的防治措施和建议。语义检索还利用了深度学习技术,通过训练大规模语料库,系统能够识别和理解复杂的语义关系和上下文信息。例如,通过预训练的语言模型,系统可以在回答农业技术问题时提供更加准确和详细的答案。

国内外学者开展了语义检索技术在农业方面的应用研究。在基于语义网技术的农业数据管理方面,Brett Drury 等人在 2019 年针对许多大型 NGO(非政府组织,如粮农组织)开发了大量语义资源,这些语义资源通过赋予非结构化数据语义意义,为农业问题的研究提供基础。研究表明,语义网技术在农业中的潜力巨大,可以通过全面的语义资源和数据交换标准来推动农业信息化的发展。在农业科学文献的语义发布方面,F. Abad-Navarro 在 2020 年提出了一种生成农业领域科学文献知识图谱的流程。该流程结合了语义网和自然语言处理技术,使计算机代理更易理解数据,从而支持文献搜索应用的开发。通过生成包含元数据和内容的 RDF 数据,并进行语义标注,F. Abad-Navarro 团队构建了基于 Neo4j 的知识图谱。研究表明,这种方法不仅可以对作者和参考文献进行查询,还能基于语义标注进行文献相似性分析和聚类,提高了文献检索的效率和准确性。在智能搜索引擎构建方面,Ingram 和 Gaskell 在 2019 年开发了面向农业从业者的智能搜索引擎,通过领域专家、顾问和利益相关者的迭代参与,构建了用户中心本体,并在欧洲的十个案例研究中应用。结果表明,用户中心本体的构建方法有效地提升了智能搜索引擎在农业领域的应用效果,为农民和顾问提供了有用的研究输出。在高语义理解精度的农业知识库检索构建方面,Lang Fei 在 2019 年提出了一种基于本体的高语义理解精度算法,专门用于农业种植领域。该算法通过改进传统高语义推理算法,根据农业知识库中本体之间的相似或相关关系,进行高语义检索。该方法在农业知识库的高语义检索中表现出色,可以为农业种植领域提供全面、准确和客观的实用信息。在农业领域术语的自动提取方面,Chatterjee 和 Kaushik 在 2020 年研究了自动术语提取工具在农业领域的应用情况,通过分析 RAKE、TerMine 和 TermRaider 三种常用术语提取工具的性能,比较其在精确度和召回率方面的表现。研究发现,自动术语提取工具能够有效地从非结构化农业文本中提取术语,为语义网应用、本体创建、推荐系统和查询扩展等提供支持,提高了农业信息管理的效率。

语义检索技术在农业中的应用,显著提升了信息检索的精度和效率,通过语义网技术、本体构建和自动术语提取等方法,解决了传统信息检索方法不足的问题。随着这些技术的不断发展和完善,未来的智慧农业将更加依赖于高效、智能的信息检索系统,强大的信息检索系统可为农业生产、科研和管理提供强有力的支持。

2.3.3　农业个性化推荐和决策支持

知识推理技术在个性化推荐和决策支持系统中的应用对于提高农业生产的效率和质量具有重要作用。通过整合和分析来自不同数据源的信息,系统能够为农业经营者提供有针对性的智能化决策建议。

个性化推荐系统通过分析用户的历史行为、环境参数和农作物特性等多维度数据,结合机器学习和数据挖掘技术,能够向用户推荐最适合其具体需求的农业策略和产品。例如,系统可以根据土壤质量、气候条件以及历史农作物表现来推荐最适合的农作物种类和种植技术。此外,这些推荐可以进一步根据市场趋势和价格预测进行调整,以提升农作物产量,同时也优化经济收益。在决策支持系统中,知识推理技术发挥着至关重要的作用。系统通过整合来自知识库、实时监控和预测模型的信息,提供基于证据的操作建议和决策选项。例如,基于当前农作物的生长情况和天气预报,系统可以推荐最佳的灌溉和施肥计划,或者预测病虫害的风险并提供防治建议。这种决策支持不仅基于广泛的数据分析,还包括对农业知识和最佳实践的理解。通过使用深度学习和神经网络模型,个性化推荐和决策支持系统能够更有效地处理大规模和高维度的数据集,从而提供更精准和实时的建议。这些技术使系统能够学习和模拟农业专家的决策过程,并在复杂的农业环境中自动调整推荐策略。

当前,农业个性化推荐和决策支持系统的研究也面临着一些挑战。首先,如何确保系统推荐的适用性和可靠性是一大挑战,特别是在面对多变的环境和复杂的农业生产条件时。其次,数据的质量和完整性直接影响推荐系统的效果,因此如何有效地集成和清洗不同来源的数据,是实现高效推荐的关键。为了应对这些挑战,研究人员和开发者正在探索强化学习和联邦学习等新的算法和模型,这些技术可以在保护用户隐私的同时提升系统的学习能力和适应性。随着物联网技术的发展,实时数据的获取和处理能力也在不断提高,这为实时决策支持提供了可能。

知识推理技术在个性化推荐和决策支持系统中的应用极大地提升了农业生产的智能化水平。通过精准的数据分析和高效的信息处理,这些技术不仅能够提升农作物的产量和质量,还能优化资源使用,增强农业经营者的市场竞争力。随着相关技术的进一步发展和完善,知识推理技术在全球农业领域的应用前景将更加广阔。

第3章
专家系统

3.1　专家系统的基本概念

专家系统(ES)是人工智能领域最活跃和应用最广泛的领域之一。自从20世纪60年代第一个专家系统DENDRAL在美国斯坦福大学问世以来,经过40年的开发,各种专家系统已遍布各个专业领域。目前,专家系统得到了更广泛的应用,并在应用开发中得到进一步发展。

3.1.1　专家系统的概念

1982年,美国斯坦福大学教授费根鲍姆给出了专家系统的定义:"专家系统是一种智能的计算机程序。这种程序使用知识与推理过程,求解那些需要杰出人物的专门知识才能求解的复杂问题。"一般认为,专家系统是一种计算机(软件)系统,可应用于某一专门领域,由知识工程师通过知识获取手段,将专家解决特定领域问题的知识用某种知识表示方法编辑或自动生成某种特定表示形式存放在知识库中,然后用户通过人机接口输入信息、数据或命令,运用推理机控制知识库及整个系统,像专家一样解决困难的和复杂的实际问题。

简言之,专家系统可视作"知识库"和"推理机"的结合,知识库是专家的知识在计算机中的映射,推理机是利用知识进行推理的能力在计算机中的映射,构造专家系统的难点也在于这两个方面。为了更好地建立知识库,兴起了"知识表示""知识获取""数据挖掘"等学科;为了更好地建立推理机,兴起了"机器推理""模糊推理""人工神经网络""人工智能"等学科。专家系统有三个特点:① 启发性,能运用专家的知识和经验进行推理和判断;② 透明性,能实现推理过程,回答用户提出的问题;③ 灵活性,能不断地增长知识,修改原有知识。

3.1.2　专家系统的产生和发展

作为人工智能的一个重要分支,专家系统按其发展过程大致可分为三个阶段:初创期(1971年前)、成熟期(1972—1977年)和发展期(1978年至今)。

(1)初创期:1965年在美国航空航天局要求下,斯坦福大学成功研制了DENDRAL专家系统,该系统具有非常丰富的化学知识,可根据质谱数据帮助化学家推断分子结构。这个系统的完成标志着专家系统的诞生。在此之后,麻省理工学院开始研制MACSYMA系统,现经过不断扩充,它能求解600多种数学问题。

(2)成熟期:到20世纪70年代中期,专家系统已逐步成熟,其观点逐渐被人们接受,并先后出现了一批卓有成效的专家系统。其中,最具代表性的是肖特立夫等人开发的MYCIN系统,该系统用于诊断和治疗血液感染及脑炎,可给出处方建议。另一个非常成功的专家系统是PROSPECTOR系统,它用于辅助地质学家探测矿藏,是第一个取得明显经济效益的专家系统。

(3)发展期:20世纪80年代中期以后,专家系统发展最明显的特点是出现了大量的投入商业化运行的系统,并为各行业带来了显著的经济效益。其中一个著名的例子是DEC公司与卡内基梅隆大学合作开发的XCON/R1专家系统,它每年为DEC公司节省数百万美元。20世纪80年代后期,一方面随着面向对象、神经网络和模糊技术等新技术的迅速崛起,专家系统被注入了新的活力;另一方面计算机的运用越来越普及,人们对计算机的智能化要求也越来越高。由于这些技术发展的成果成功运用到专家系统之中,因此专家系统得到了更广泛的运用。

自从第一个专家系统DENDRAL在美国斯坦福大学问世以来,经过近60年的开发,各种专家系统已遍布各个专业领域,涉及工业、农业、军事以及国民经济的各个部门乃至社会生活的许多方面。

尽管专家系统已经在各个领域得到了广泛应用,并且收到良好的效果,但它们解决问题的范围常常受到限制,主要是因为:① 知识不足;② 解决问题的方法不妥。目前,大部分的专家系统都是针对某一特定领域建立的,一旦超出这一特定领域,系统就有可能无法再有效地运行。发展分布式和协同式多专家系统是一个解决上述一般专家系统局限性的重要途径:① 分布式专家系统把一个专家系统的功能分解到多个处理器上并行工作,从总体上提高系统的处理效率;② 协同式专家系统综合若干个子专家系统,互相协作共同解决一个问题。尽管分布式专家系统与协同式专家系统存在共性,例如都涉及多个子系统,但是前者强调功能分布和知识分布,后者强调子系统间的协同合作。分布式专家系统和协同式专家系统是未来专家系统的主流发展趋势,相信我们能在这一领域看到更多令人惊喜的应用。

3.2 专家系统的类型

3.2.1 基于规则的专家系统

基于规则推理(rule based reasoning,RBR)的方法是根据以往专家诊断的经验,将其归纳成规则,通过启发式经验知识进行推理。它具有明确的前提,可以得到确定的结果。RBR 是构建专家系统最常用的方法,这主要归功于大量的成功实例和工具的出现。早期的专家系统大多数用规则推理的方法,如 DENDRAL 专家系统、MYCIN 专家系统、PROSPECTOR 专家系统等。专家系统将规则转换为机器语言时,用产生式的 if…and(or)…then… 表示,因此这种系统又称为产生式专家系统。

基于规则推理的方法容易使知识工程师与人类专家合作,易于被人类专家理解。规则库中的规则具有相同的结构,即 if…then… 结构,这种统一的格式便于管理,同时便于推理机的设计。但它也有诸多缺点,如规则间的相互关系不明显,知识的整体形象难以把握,处理效率低,推理缺乏灵活性;对于复杂系统难以用结构化数据来表达,如果全部用规则的形式来表达,不仅提炼规则相当困难,而且规则库将十分庞大和复杂,容易产生组合爆炸;在实时处理方面的应用也已被证明比较困难。速度是实时性能最根本的要求,而产生式系统在处理实时任务时,其搜索、匹配时间要占全部计算时间的 90%。

基于规则的专家系统的特点决定了其适合的领域:①系统结构简单,有明确的前提和结论,问题仅仅用有限的规则即可全部包含;②问题领域不存在简洁统一的理论,知识是经验的;③问题的求解可视为一系列相对独立的操作,或从一个状态向另一个状态的转换,一个操作或转换可以被有效地表示为一条或多条产生式语句。

3.2.2 基于框架的专家系统

框架(frame)是将某类对象的所有知识组织在一起的一种通用数据结构,而相互关联的框架可连接组成框架系统。1975 年,美国麻省理工学院著名的人工智能学者明斯基提出了框架理论,并把它作为理解视觉、自然语言对话及其他复杂行为的基础。在框架理论中,框架被视为表示知识的一个基本单位。它把要描述的事物各方面的知识放在一起,通过槽值关联起来。框架的顶层是代表某个对象的框架名,其下为代表该框架某一方面属性的若干个槽,槽由槽名和槽值组成。槽下还可分为若干个侧面(由侧面名和侧面值组成)。

　　一个框架系统常被表示成一种树形结构,树的每一个节点是一个框架结构,子节点与父节点之间用槽连接。当子节点的某些槽值或侧面值没有被直接记录时,可以从其父节点继承这些值。框架系统通过以下三种途径可以推理出未被观察到的事实:① 框架包含它所描述的情况或物体的多方面信息。这些信息可以被引用,就像已经直接观察到这些信息一样。② 框架包含物体必须具有的属性。在填充框架的各个槽时,要用到这些属性。建立对某一情况的描述要求先建立对此情况的各个方面的描述。与描述这个情况的框架中各个槽有关的信息可用来指导建立此情况各个方面的描述。③ 框架描述它们所代表的概念的典型事例。如果某一情况在很多方面与一个框架相匹配,只有少部分相互之间存在不同之处,这些不同之处很可能对应于当前情况的重要方面,也许应该对这些不同之处做出解答。

　　框架系统最突出的特点是善于表达结构性的知识,且具有良好的继承性和自然性。因此,基于框架的专家系统适合于具有固定格式的事物、动作或事件。

3.2.3　基于本体论的专家系统

　　传统的专家系统的一个主要缺点在于"缺乏知识的重用性和共享性",而采用本体论来设计专家系统,可以解决该缺点。另外,它既能增强系统功能,提高性能指标;又可独立深入研究各种模型,将结果用于系统设计。基于本体论的专家系统通过元模型清晰定义、设计原理概念化和知识库标准化 3 个方面来获得系统的重用性和共享性。将某事物的模型、原理、知识库采用本体论的方法严格定义后,就能保证该事物与该模型严格对应,在今后的设计中,可方便地重新调用该模型以加速系统设计。基于本体论的专家系统发展出 2 个新分支:一个是因果时间模型,在模型中考虑因果时间尺度;另一个是神经网络模型,用网络来实现知识的推理。

　　(1) 因果时间模型。因果性对人类理解物理系统的行为十分关键。而人类对因果的识别建立在原因和结果之间的时间延迟上。如何将实际系统中的时延关系正确映射到计算机中,本体论给出 13 种时间标度法(包括 4 种建模方式),利用这 13 种时间标度可以描述现实的所有系统。

　　① 直接建模。

　　• Ta1:共有从属时间标度。

　　• Ta2:从属时间标度。

　　• Ta3:积分时间标度。

　　• Ta4:均衡时间标度。

　　② 时间约束建模。

- Tb1：更快机制时间标度。
- Tb2：更慢机制时间标度。

③ 组件结构建模。

- Tc1：内部组件时间标度。
- Tc2：组件间的时间标度。
- Tc3：全局时间标度。
- Tc4：整个系统时间标度。

④ 兴趣期间建模。

- Td1：初始期间时间标度。
- Td2：中间过渡时间标度。
- Td3：最后期间时间标度。

（2）神经网络模型。神经网络模型与传统的产生式专家系统存在本质区别：首先，知识表示从显式变为隐式；其次，知识不是通过人的加工而是通过算子自动获取；最后，推理机制不是传统的归纳推理，而是变为在竞争层对权值的竞争。与传统的产生式专家系统相比，神经网络有固有并行性、分布式联想存储、较好容错性、自适应能力、通过实例学习能力、便于硬件实现等 6 个优点；同时也存在仅对解决小规模问题有优势，性能受样本集影响，没有解释能力，没有询问机制，对知识、输入证据、输出结果等要求数字化等 5 个缺点。因此，目前的研究方向在于，将神经网络与专家系统集成，使其优势互补，该集成根据侧重点不同分为神经网络支持专家系统、专家系统支持神经网络、协同式的神经网络专家系统等模式。

专家系统的远期目标是探究人类智能和机器智能的基本原理，研究用自动机模拟人类的思维过程和智能行为。该目标远远超出计算机科学的范畴，几乎涉及自然科学和社会科学的所有学科。因此，目前专家系统的发展趋势集中在近期目标，即建造能用于代替人类高级脑力劳动的专家系统。相对来看，农业领域是专家系统较为适合的一个应用领域。

3.3　农业专家系统的应用

20 世纪 80 年代以来，随着信息技术的迅速发展，农业专家系统在国际上有了较大的发展。从分布区域看，美国占绝大部分，几乎占 80%；从应用领域看，涉及农作物栽培、施肥、病虫害防治、杂草控制、森林环保、家畜饲养、农业经济效益分析、储存管理、市场管理等方面。我国专家系统的研究始于 20 世纪 80 年代初期。由于发展较晚，且受信息技术和计算机技术迅猛发展的影响，因此我国专家系统发展阶段的划分不是很明显,各种功能、各领域的专家系统交错出现,到 20 世纪 90 年代,我国农业专家系统的研究蓬勃发展,研制出了大量的智能化程度较高的专家系统。

1. 农业专家系统的发展阶段

1) 单功能农业专家系统发展阶段

该阶段是农业专家系统的起始阶段,时间为 20 世纪 70 年代末到 80 年代初。由于受到硬件设备和软件性能限制,因此该阶段的农业专家系统功能单一,相当于某一领域专家,只解决特定问题,如病虫害防治、灌水管理、危害预测等。例如,1978 年美国伊利诺伊大学开发的大豆病虫害诊断专家系统,是世界上应用最早的农业专家系统;美国加利福尼亚大学 1981 年开发了灌水管理专家系统。

2) 多功能农业专家系统发展阶段

到了 20 世纪 80 年代中期,计算机的处理器性能有所提高,数据库技术也得到较大发展。此时专家系统在功能上已从解决单一问题的病虫害诊断等转向解决农业生产管理、经济分析、辅助决策、环境控制等综合问题。该阶段专家系统能够实现多种功能,相当于多领域专家的结合,可解决多个领域的复杂问题。例如,东京大学的西红柿栽培管理专家咨询系统,温室黄瓜栽培管理专家系统,6 种温室蔬菜病、虫和营养失调诊断专家系统。

3) 基于模型的农业专家系统发展阶段

20 世纪 60 年代,我国开始了农作物生长模拟模型研究;20 世纪 80 年代,随着模拟模型技术的逐渐成熟,计算机处理性能和数据库技术进一步发展,以农作物生长模拟模型为核心,将模拟与优化相结合并与有关领域的专家知识融合,形成了基于模型的专家系统。该阶段的专家系统很好地利用了计算机技术和农作物模拟模型,增强了专家系统的机理性和决策功能,充分地体现了数据库、模拟模型、知识库、推理机的有机结合。该系统具有解释能力强、应用面宽、考虑的影响因子多和易于控制等优点,其主要功能是提供目标、优化决策。

20 世纪 80 年代,美国农业部推出的棉花综合管理专家系统(COMAX/GOS-SYM)最具代表性。它是一个机理性很强的棉花生长模型,可依据植株碳氮平衡、热量和水分平衡等原理,将温、光、降水等气象要素作为驱动变量,将土壤理化性状和肥水供应能力视为初变条件,对棉株的生长发育和产量形成进行动态分析,最终模拟在不同气候、土壤条件下棉花的生育期和产量。该系统为棉花管理提供支持,用于制定灌溉、施肥、施用脱叶剂和棉桃开裂剂的最佳方案。

4) 智能化农业专家系统发展阶段

20 世纪 90 年代以来,随着计算机技术、人工智能技术、数据库技术、"3S"技术(遥感技术 RS、地理信息系统 GIS 和全球定位系统 GPS)以及自动化控制技术的高速发展,农业信息技术进入了一个新的发展时期,开发出智能化农业专家系统。智能化农业专家系统主要是各种智能技术在专家系统领域的集成,如集成人工神经网络、Web 技术、智能温室、"3S"技术,利用现代数据处理手段,对数据进行新的处理,很好地丰富了农业专家内涵,提高了专家系统的精确度、智能化水平和实用性。如 1994 年,在 Windows 环境下,U. Singh 等人将作物环境资源合成(crop-environment resource synthesis,CERES)模型与 GIS 相结合,建立了印度半干旱地区的决策模型。温室自动控制系统和专家系统相结合的专家管理系统,能够及时地为用户提供各种温室农作物在不同时期生长所需要的最佳气候参数及栽培技术,自动生成合理的控制方案,实现人造气候的智能化管理。

2. 农业专家系统的应用实践

农业生产过程及环境因子复杂,导致大部分农业专家系统的实用性和普及性较差。其主要原因如下:数据的采集不规范,没有统一标准;生产周期较长,采集多年数据需要较长的周期;影响因素复杂,数据具有一定的偶然性。因此,农业专家系统在数据采集标准、方式和数据处理方面的研究尤为重要。

1) 以"3S"技术为核心的精准农业专家系统

20 世纪 80 年代初,美国提出了精准农业的概念和设想;20 世纪 90 年代进入生产实际应用,部分技术和设备已经成熟,目前处在研究发展阶段。精准农业要响应农田内农作物生产条件的时空差异性,基于农田内的区域土壤、农作物、环境等的时空差异性信息,对农作物实施精细化定位管理。例如,施肥方案应根据农田内各处的土壤肥力状况不同而不同,土壤养分较差的地方应该多施肥。

与传统农业相比,精准农业主要特点是精确预测各生产单元所需生产要素的量与投入时间,通过数字化方法对农业生产进行可视化表达和智能化控制,弥补传统耕作方法的不足,实现变量投入,以降低成本,增大产出,减轻环境污染,实现农业生产效益的最大化。精准农业将是今后农业集约化、持续化的发展方向,因此配套的专家系统研究尤为必要。

2) 虚拟农作物专家系统

从 20 世纪 60 年代中期开始的植物生长的计算机模拟研究所建模型主要侧重于对植物功能的模拟,尽可能简化了对植物形态结构方面的模拟。20 世纪 80 年代发展起来的虚拟植物模型则对植物的功能考虑较少,偏重于对植物形态结构的描述。计算机精确模拟自然界里植物的生长发育情况,如同科研人员在计算机里开垦了一块虚拟的试验田,把现实中的植物搬到里面生长,即虚拟植物。因此,虚拟植物能够精确地反映现实植物的形态结构,极具真实感,可以帮助我们从一个全新的视角来研究植物,应用面广。

虽然基于虚拟植物的专家系统将会在很大程度上促进农业研究的深层次变革,提高科研的时效和精度,但目前以植物为研究对象的建模方法还远未达到最佳效果,形态发生模型与生理生态模型的集成研究工作还很少,虚拟作物技术还不完善,离实际应用还有一定的距离。

3)病虫害专家系统

病虫害专家系统可实现农作物病虫害的远程诊断、病虫害的预测和风险分析、农业病虫害的综合管理决策。

(1)农作物病虫害的远程诊断。专家系统充分利用现有的网络技术实现数据的传输,优势在于突破了地域障碍,将人工操作交由计算机进行数据分析和病害处理,提高了系统的效率。有关病虫害诊断的专家系统现在已有不少:如蔬菜病虫害诊治专家系统应用于蔬菜病虫害防治工作中,可使广大菜农独立完成病虫害防治工作,可对未知案例进行推理得出新结论,可辅助农业专家对复杂问题进行诊断和防治;小麦病虫害专家系统利用图像特征提取算法,根据支持向量机和决策树相结合的多类分类器的输入,可实现小麦叶部病害智能识别;玉米病虫害诊断模型利用无噪声样本和只含关键病症的有噪声样本对网络进行交替训练,可实现玉米病虫害的有效识别。

(2)病虫害的预测和风险分析。专家系统对病虫害的预测分为两类:一类是定性预测,将害症状和参数数据列成等级标准,进行简单的趋势预测或管理咨询;另一类是定量预测,将专家系统与预测模型相结合,给出病虫害发生风险的概率值,实现量化预测。高灵旺等在国家高技术研究发展计划("863"计划)项目的支撑下开发了农业病虫害预测专家系统平台,各地区的专家可以基于自身经验,进行知识的整理,将整理后的资料输入平台系统中即可构成适合当地应用的病虫害预测专家系统,即建成了一个开放的、动态的病虫害预测专家系统。

(3)农业病虫害的综合管理决策。病虫害管理决策专家系统设计了农作物管理、监测、预测、预控等多个功能模块,将这些功能模块集合可构成一个大型的管理决策系统平台。该系统平台的优点是能够综合运用多个功能模块,为决策提供更加可靠的依据。美国农业部开发的一个用于棉花生产管理的专家系统COMAX,除了能够实现对棉花生长调控的功能外,还能够提供几种主要的除草剂、杀虫剂、植物生长调节剂等化学药品的使用量建议,目前该系统已在美国棉花生产上大面积推广应用。

第4章
机器学习

4.1 机器学习的基本概念

4.1.1 机器学习的定义

机器学习（machine learning，ML）是一种人工智能技术，通过对数据的学习和分析，提高计算机系统自动预测、分类或者决策的能力。其核心思想是利用算法和统计学的方法让计算机在没有人类干预的情况下从数据中"学习"，并进行自主决策。因为学习算法中涉及了大量的统计学理论，而且机器学习与推断统计学的联系尤为密切，所以机器学习也被称为统计学习理论。机器学习在近30多年已发展为一门多领域交叉学科，涉及概率论、统计学、逼近论、凸分析、计算复杂性理论等多门学科。

4.1.2 机器学习的发展历史

从早期的简单模式识别到今天的复杂学习模型，机器学习的发展经历了萌芽期（思想形成）、兴起期（理论建成）、发展期（算法研发）、繁荣期（大数据应用），它重塑了行业，重新定义了人机交互，开辟了一个未开发的世界。下面我们通过一些重要的历史事件来回顾机器学习的发展历程。

1. 机器学习的诞生和早期先驱者

机器学习的起源可以追溯到20世纪40年代，当时研究人员开始探索非常基本的模式识别和第一个神经网络。机器学习的早期阶段以开创性的想法为标志，以创造能够模仿人类思维过程的计算机为不懈追求。

1943年，Walter Pitts 和 Warren McCulloch 通过开发第一个包含电路的神经网络模型，展示了计算机在面对复杂任务时学习、适应和改进的潜力，在机器学习的历史上迈出了重要的一步。

1949年，加拿大心理学家 Donald Hebb 出版了 *The Organization of Be-*

havior:A Neuropsychological Theory 一书,书中引入了神经元通信的概念,这在计算机领域进一步激发了模拟自然神经过程的研究和创新,对机器学习的发展产生了深远的影响。

1950 年,Alan Mathison Turing 提出了图灵测试,该测试证明了机器有表现智力思维和一定程度的情感理解的可能性。图灵测试的提出刺激了人们对人工智能和机器学习的进一步研究,促进了更先进和复杂的学习算法的发展,是人工智能和机器学习历史上的一个重要里程碑。

2. 改变规则的创新:从跳棋到神经网络

机器学习的历史穿插着变革性的创新,这些创新推动了机器学习的发展并增强了机器学习的能力。

1952 年,Arthur Samuel 开发了跳棋程序,该程序能够通过采用诸如 Alpha-Beta 剪枝、极大极小算法和死记硬背等技术来玩一场完美的跳棋游戏。该程序是第一个计算机学习程序,展示了计算机通过连续的自我改进来获取和调整完成复杂任务的能力。

1957 年,Frank Rosenblatt 创造的感知器是机器学习历史上的另一个重要里程碑。感知器是一种人工神经网络,可将数据分为两类,使其成为基本模式识别和其他机器学习任务的强大工具。尽管感知器有其局限性,但它的发展为更先进的人工神经网络和我们今天所知的现代机器学习系统奠定了基础。

1965 年,多层神经网络的出现标志着机器学习领域取得了重大进展。这些网络由多层神经元组成,拥有比单层感知器更复杂的学习和解决问题的能力。多层神经网络的发展使机器学习能够处理从图像识别到自然语言处理的各种复杂任务。多层神经网络的出现是机器学习历史上的一个转折点,因为它展示了机器学习及其适应日益复杂挑战的潜力。

1973 年,*The Lighthill Report* 的发表标志了人工智能寒冬的到来。受科学研究理事会(SRC)委托,该报告对人工智能研究的现状进行了评估,将人工智能研究分为三类:符号操作、搜索和试错学习。该报告强调符号操作缺乏进展以及搜索和试错学习的潜力不够,使人们对人工智能的可行性持怀疑态度,最终导致相关研究投资减少。

20 世纪 80 年代,机器学习转向概率论和统计学,产生了新的方法和应用。数据挖掘技术与机器学习算法的结合增强了其预测能力,为人工智能在各个领域的应用开辟了新的可能性。训练数据的使用在这一进步中发挥了至关重要的作用,这种转变促进了贝叶斯网络、马尔可夫模型和其他概率模型的发展,这些模型现在被广泛应用于分类、聚类和预测等任务。

20 世纪 90 年代,神经网络研究开始复苏,这是由数字数据的可用性增强和互联网分发服务能力的提升所推动的。这种对神经网络的研究促进了更强大的计算资源(如 GPU)的开发,以及新算法(如反向传播)的引入。这些突破促进了深度神经网络的发展,并为我们今天看到的复杂机器学习系统奠定了基础。

3. 现代机器学习的突破与应用

近年来,机器学习经历了一系列突破和创新,彻底改变了该领域。这些突破不仅扩展了机器学习的能力,还突出了人工智能解决各种消费者层面问题的潜力。随着机器学习的不断发展和适应,机器学习将在改变行业和重新定义人机交互方面发挥越来越重要的作用。

2012 年,深度学习革命是机器学习历史上的一个重要转折点。这场革命的特点是引入了深度学习技术,实现了比以往任何时候都更复杂的问题解决能力和模式识别能力。这场革命的关键发展之一是深度神经网络 AlexNet 的创建,它显著提高了图像识别系统的准确性。深度学习技术的引入使机器能够应对日益复杂的挑战,如更精确的语音识别系统、改进的图像和视频识别能力、自然语言处理算法、增强型推荐系统、更高效的自动驾驶汽车。

2016 年,DeepMind 开发的 AlphaGo 击败了世界冠军围棋选手,展示了强化学习算法处理高度复杂任务的巨大潜力。强化学习算法的不断发展,为人工智能和机器学习的研究和创新开辟了新的途径。

2017 年,由 Google 提出的 Transformer 是一种依赖于并行多头注意力机制的深度学习架构,这项研究对自然语言处理(NLP)领域产生了重大影响。基于该架构的模型在生成类文本方面表现出的卓越能力显著提高了机器翻译和语言建模等自然语言处理任务的效率和有效性。Transformer 已被用于各种应用,包括聊天机器人、虚拟助手和问答系统,并在这些任务上展示了最先进的性能。

2020 年,OpenAI 的 GPT-3 展示了自然语言处理技术在机器学习中的潜力,实现了高级语言的理解和生成。NLP 是指计算机程序理解和分析人类语言的能力,无论是口语还是书面语,它都允许机器理解和生成类似人类的语言。GPT-3 先进的 NLP 功能有可能彻底改变机器与人类交互的方式,从而带来更高效、更准确的机器学习应用。

今后,机器学习将在支持人工智能的发展上继续发挥协同作用。从短期来看,数据科学家和机器学习从业者将对生成式人工智能有更大的需求,并进一步与创造性 AI、分布式企业、自治系统、超自动化和网络安全关联。在这个过程中,商业模式和工作角色可能会发生变化。在机器学习不断壮大的过程中,企业和社会将继续遇到偏见、信任、隐私、透明度、问责制、道德等问题,这些问题可能对我们的生活产生积极或消极的影响。

4.2　机器学习的关键技术

4.2.1　归纳学习

归纳学习(inductive learning)是机器学习的一个重要分支,其基本思想是通过观察和分析已知的样本数据,推导出一般性的规律或模型,从而对新的、未知的数据进行预测或分类。这种学习方式更注重从数据中抽象出一般性的特征和规律,而不是单纯地记忆样本数据。归纳学习的目标是发现数据中的潜在规律和普遍性,而不是简单地拟合训练数据,因此,归纳学习具有良好的泛化能力,即学习到的模型能够很好地适用于未见过的数据。

归纳学习与演绎学习相对,演绎学习是基于已知的事实、规则或原则推断出特定情况下的结论,而归纳学习则是从具体案例中总结出一般性的规律和原则。而演绎学习依赖于逻辑推理和推断,归纳学习依赖于观察和总结。归纳学习在各个领域都有着广泛的应用。在机器学习领域,归纳学习用于从数据中发现模式和规律,以训练模型进行预测和分类。在数据挖掘领域,归纳学习用于发现数据集中隐藏的模式和关联规则,以帮助制定决策和分析业务。在认知科学领域,归纳学习用于研究人类学习过程中的认知规律和模式,以及如何从经验中获取知识。

尽管归纳学习具有许多优点,如提高了学习效率和问题解决能力,但它也面临一些挑战,例如,信息的不确定性、样本的偏差以及概念的泛化能力等问题都可能影响归纳学习的效果。因此,在实际应用中,归纳学习需要结合其他学习方法和技术进行补充和优化,以提高归纳学习的效果和准确性。

归纳学习涉及多种算法,下面介绍几种常见的归纳学习算法。

① 决策树算法:通过构建树形结构来表示分类或回归模型,是一种常见的归纳学习算法。决策树的每个节点代表一个属性,每个分支代表属性的取值,而子节点代表类别标签或数值预测结果。决策树算法通过对数据进行递归划分来选择最优的属性和划分方式,从而构建出具有较好泛化能力的模型。常见的决策树算法包括 ID3、C4.5、CART 等。这些算法在选择划分属性时采用不同的策略,如信息增益、信息增益比、基尼系数等,以实现对数据的有效划分和分类。

② K 近邻算法(KNN):一种基于实例的归纳学习算法,它通过比较待分类样本与已知样本之间的相似度来进行分类。KNN 算法的基本思想是将待分类

样本的特征与训练集中的样本进行比较,找出与之最相似的 K 个样本,然后根据这些样本的类别标签进行投票,将得票数最多的类别作为待分类样本的类别。KNN 算法简单易实现,适用于多种类型的数据,但大规模数据集的计算复杂度较高,需要考虑 K 值的选择和距离度量方法。

③ 贝叶斯分类器:一种基于贝叶斯定理的归纳学习算法,它通过计算后验概率来进行分类。贝叶斯分类器假设特征之间相互独立,然后利用训练数据计算各个类别的先验概率和各个特征在各个类别下的条件概率,最终根据贝叶斯定理计算后验概率,选择具有最大后验概率的类别作为分类结果。贝叶斯分类器包括朴素贝叶斯分类器和贝叶斯网络等多种形式,它们在处理分类问题时具有较好的效果,并且对缺失数据具有较强的鲁棒性。

④ 支持向量机(SVM):一种常用的监督学习算法,既可以用于分类问题也可以用于回归问题。SVM 通过构建最优超平面来实现对数据的分类或预测。它的基本思想是找到能够将不同类别样本分隔开的最大间隔超平面,同时通过引入核函数来处理非线性可分的情况。SVM 具有较好的泛化能力和鲁棒性,在处理高维数据和复杂分类问题时表现优秀,但需要调优参数和选择合适的核函数。

⑤ 聚类算法:一种无监督学习的归纳学习算法,它通过将数据划分为不同的类别或簇来发现数据中的内在结构和模式。常见的聚类算法包括 K 均值聚类算法、层次聚类算法、DBSCAN(基于密度的聚类算法)等。这些算法通过计算数据点之间的相似度或距离,将相似的数据点聚合在一起,从而实现对数据的有效归纳和分组。

⑥ 隐马尔可夫模型(HMM):一种用于建模时序数据的归纳学习算法,它通过描述隐藏状态和观测状态之间的转移关系和发射关系来对时序数据进行建模。HMM 广泛应用于语音识别、自然语言处理等领域,能够有效地捕捉数据的时序特征和模式。

⑦ 集成学习算法:一种将多个基础模型组合起来以提高整体性能的归纳学习方法。常见的集成学习算法包括随机森林、AdaBoost(迭代算法)、Bagging(引导聚焦算法)等。这些算法通过组合多个弱学习器,利用集体智慧来提高分类或回归的准确性和鲁棒性。

⑧ 神经网络:一种模拟人类神经系统结构和功能的归纳学习算法。它通过调整多层神经元之间的连接和权重来实现对数据复杂模式的识别和学习。深度学习中的卷积神经网络和循环神经网络等都是归纳学习领域中应用广泛的神经网络模型。

4.2.2　类比学习

类比学习(analogical learning)是一种基于类比推理的学习方法,它利用已有的知识和经验来解决新问题或学习新概念。这种学习方式根据已知的情境、问题或概念与新的情境、问题或概念之间的相似性和类比关系进行推断和学习。

在类比学习中,学习者首先需要建立类比关系,将已知的情境或问题与新的情境或问题进行比较,并找出它们之间的相似性和共性,这种比较可以涉及事物的属性、结构、功能等方面。例如,学习者利用已有的知识和经验进行类比推断,将已知情境的解决方案或策略应用于新情境,从而获得对新情境的认识和理解。通过这种方式,学习者可以快速适应新的情境,并且在解决问题或应对挑战时具有更高的效率和准确性。类比学习还需要进行验证和确认,以确保类比推断的有效性和正确性。

在教育领域,类比学习被广泛应用于教学设计和教学方法中,教师可以利用学生已有的知识和经验,引导他们将这些知识应用于新的学习内容中,从而促进学习者的理解和记忆。在认知科学研究中,类比学习用于探究人类思维和推理的机制,研究者通过实验和模型构建,分析类比推断的过程和规律,从而深入理解人的认知活动。在人工智能领域,类比学习被用于开发具有类比推理能力的智能系统,这些系统可以通过类比方式推断解决新领域的问题,具有较强的泛化能力和智能性。

类比学习在算法层面并没有具体的算法,更多的是一种学习方法或认知策略。然而,在人工智能和认知科学领域,研究者们提出了一些模型和技术来模拟和促进类比学习的过程,以下是其中几种相关的算法或模型。

① 类比推理模型。

类比推理模型旨在模拟人类进行类比推理的过程,常常涉及将已有知识和经验应用于新的情境或问题中。这些模型基于对类比关系和相似性的识别,通过比较已知情境和新情境之间的相似之处来进行推断和归纳。在经典的类比推理模型中,结构映射引擎(structure-mapping engine,SME)由认知科学家 Dedre Gentner 提出,其核心是通过对齐不同领域间的高阶结构关系(如因果关系、层级系统)进行推理,而非依赖表面属性相似性。Copycat 模型由 Douglas Hofstadter 开发,旨在模拟人类类比的动态性与创造性,特别擅长处理语言隐喻和符号层面的开放式推理。

② 类比学习的神经网络模型。

近年来,随着深度学习技术的发展,研究者们开始尝试使用神经网络模型来模拟类比学习的过程。这些模型通常对输入数据进行学习,从而发现数据之间的相似性和类比关系。常见的神经网络模型包括:Siamese Networks(孪生神经网络),用于学习输入数据的表示,并通过度量两个输入数据之间的相似性来进行类比推理;记忆增强神经网络(memory-augmented neural networks),通过结合神经网络和外部记忆来实现类比学习,模拟人类调取和应用已有知识的过程。

③ 类比学习的元学习模型。

元学习是一种从学习到如何学习的学习方法,而类比学习可以被视为一种元学习的形式。一些元学习模型也可以用于模拟和促进类比学习的过程,例如模型诊断元学习(model-agnostic meta-learning,MAML)算法,可在多个任务上学习通用的初始化参数,使模型能够快速适应新任务,类似于人类通过已有经验推断新情境。

4.2.3 神经学习

神经学习(neurological learning)是一种模拟生物神经系统学习过程的方法,它基于神经网络模型,通过调整神经元之间的连接权重来获取知识和经验。这种学习方式模仿了人类大脑的工作原理,通过神经元之间的信息传递和处理来实现对数据的学习和推断。

在神经学习中,首先需要建立神经元模型,神经元模型模拟了生物神经元的基本结构和功能,每个神经元都有多个输入和一个输出,输入通过带有权重的连接传递给神经元,然后经过激活函数计算输出。学习过程主要涉及调整神经元之间的连接权重,这些权重决定了输入信号对神经元的影响程度,不断调整权重可以使得神经网络适应不同的输入模式和学习任务。常用的神经学习算法是反向传播算法,它通过计算损失函数的梯度来更新神经网络的连接权重,实现学习过程。

神经学习可以用于多种学习任务,包括分类、回归、聚类、生成等。通过调整神经网络的结构和参数设置,神经学习可以适应不同的学习需求,并且在大规模数据和复杂问题上表现出色。在实践中,神经学习被广泛用于机器学习和深度学习领域。构建多层的神经网络结构,并利用反向传播算法进行训练,可以实现对复杂数据模式的学习和建模,例如图像识别、语音识别、自然语言处理等。此外,神经学习也被用于认知科学和人工智能,促进了这些领域的发展和进步。神经学习具有较强的泛化能力和适应性,但也面临着数据量大、计算资源消耗高、模型解释性低等挑战。通过不断的研究和技术创新,神经学习将继续推动认知科学和人工智能领域的发展。

神经学习涉及多种算法和技术,下面介绍几种常见的神经学习算法。

① 反向传播算法(backpropagation)。这是一种用于训练神经网络的常见方法。它通过计算损失函数关于网络参数(权重和偏置)的梯度,然后利用梯度下降法来更新参数,将损失函数最小化。反向传播算法是深度学习中的基础,被广泛应用于各种神经网络结构的训练过程中。

② 梯度下降法(gradient descent)。这是一种优化算法,用于更新神经网络参数,将损失函数最小化。它通过沿着损失函数的梯度方向迭代地调整参数值,直至找到损失函数的局部最小值或全局最小值。梯度下降法有多种变体,包括批量梯度下降法、随机梯度下降法和小批量梯度下降法等。

③ 自适应学习率算法(adaptive learning rate algorithms)。这是一类动态调整学习率的优化算法,用于改进梯度下降法的性能。常见的自适应学习率算法包括 AdaGrad、RMSProp、Adam 等,它们通过监测梯度的历史信息自适应地调整学习率,从而提高训练的稳定性和收敛速度。

④ 卷积神经网络(convolutional neural networks,CNN)。这是一种专门用于处理具有网格结构数据(例如图像数据)的神经网络结构。CNN 包含多个卷积层和池化层,通过卷积和池化操作来提取输入数据的特征,然后通过全连接层和输出层进行分类或回归预测。

⑤ 循环神经网络(recurrent neural networks,RNN)。这是一种适用于处理序列数据(例如文本数据或时间序列数据)的神经网络结构。RNN 中的神经元可以循环连接,使得网络能够对序列数据的历史信息进行建模和记忆,从而实现对未来序列的预测或分类。

⑥ 生成对抗网络(generative adversarial networks,GAN)。这是一种由生成器和判别器组成的对抗性模型。生成器试图生成与真实数据相似的数据样本,而判别器试图区分生成的样本和真实样本。通过两者之间的对抗训练,生成器逐渐学习生成更逼真的数据样本,从而实现生成模型的训练。

4.2.4 知识发现

知识发现(knowledge discovery)是一种从数据中发现新的、有价值的、以前未知的知识或信息的过程。这个过程通常包括数据预处理、数据挖掘、模式识别、知识表示以及知识评估和验证等步骤。知识发现通过对大规模数据的分析和挖掘,揭示数据中隐藏的模式、规律和关联,为决策和预测提供支持,在商业智能、医疗健康、社交网络、科学研究等领域都有广泛的应用,可以帮助人们理解数据背后的规律和关联,促进决策和创新。然而,知识发现也面临着数据质量、算法效率、模型解释性、隐私保护等多方面的挑战,需要综合考虑数据、算法和领域知识等因素。以下为相关的知识发现算法。

① 关联规则挖掘算法：用于发现数据中的关联性规律，常见的算法包括 Apriori 算法和 FP-Growth 算法。

② 聚类分析算法：用于将数据样本划分为不同的类别或簇，常见的算法包括 K 均值聚类、层次聚类和 DBSCAN 算法等。

③ 分类算法：用于对数据进行分类，将数据样本划分到已知的类别中，常见的算法包括决策树、支持向量机、朴素贝叶斯和神经网络等。

④ 关键词提取算法：用于从文本数据中提取关键词或关键短语，常见的算法包括 TF-IDF、TextRank 和基于深度学习的词向量模型等。

⑤ 主题模型算法：用于从文本数据中发现隐藏的主题结构，常见的算法包括潜在狄利克雷分布(latent Dirichlet allocation，LDA)算法和潜在语义分析 (latent semantic analysis，LSA)算法等。

⑥ 异常检测算法：用于识别数据中的异常或离群值，常见的算法包括基于统计的方法、基于距离的方法和基于密度的方法等。

⑦ 序列模式挖掘算法：用于发现序列数据中的频繁模式或序列规律，常见的算法包括 PrefixSpan 算法和 GSP 算法等。

⑧ 集成学习算法：通过组合多个基本模型的预测结果来提高模型的泛化能力和预测准确度，常见的算法包括 Bagging、Boosting 和随机森林(RF)等。

4.2.5 深度学习

深度学习(deep learning)是一种基于人工神经网络的机器学习技术，通过多层次的神经网络结构来学习和理解复杂的数据模式和特征。它的核心是神经网络结构，由多层次的神经元组成，包括输入层、隐藏层和输出层。深度学习通过前向传播和反向传播两个阶段来实现对数据的学习和模型参数的更新，利用优化算法将损失函数最小化，从而得到更准确的预测结果。深度学习在计算机视觉、自然语言处理、语音识别、推荐系统等领域都有广泛的应用，取得了巨大的成功。深度学习虽然具有强大的表征学习能力和泛化能力，但也面临着数据量大、计算资源消耗高、模型解释性差等问题。

下面介绍几种常用的深度学习算法。

① 长短时记忆(long short-term memory，LSTM)网络。这是一种特殊的循环神经网络结构，专门用于解决传统 RNN 中存在的长期依赖问题。它通过门控机制来控制信息的流动，从而更有效地处理长期依赖关系。

② 自编码器(autoencoder)。这是一种无监督学习的神经网络结构，旨在有效地表示学习数据。它包括编码器和解码器两部分，编码器将输入数据映射

到低维表示,解码器则将低维表示重构为原始输入数据。

③ 深度信念网络(deep belief networks,DBN)。这是一种由多层受限玻尔兹曼机组成的神经网络结构。它通过逐层训练的方式,从无标签的数据中学习到数据的高级特征表示。

④ 残差网络(residual networks,ResNet)。这是一种深度卷积神经网络结构,通过引入残差连接来解决深度网络训练过程中的梯度消失和梯度爆炸问题,使得网络能够得到更深更有效的训练。

4.3 机器学习的农业应用

随着大数据技术和高性能计算机的出现,机器学习为农业技术领域的数据密集型科学创造了新的机会。机器学习在农业领域有着广泛的应用,它可以帮助农民和农业专业人士更好地管理土地、农作物(简称作物)、牲畜,优化生产流程,提高产量和质量,同时能够减少资源浪费和环境影响。以下是机器学习在相关农业生产系统中的应用情况。

4.3.1 作物管理

机器学习在作物管理方面有着广泛的应用,涵盖了多个关键领域,包括作物分类、作物生长状态监测、杂草检测、病害检测、产量预测和品质预测等。使用先进的机器学习方法来管理作物有助于提高生产力,增加作物产量。以下是机器学习在作物管理领域的应用情况。

1. 作物分类

对不同类型作物进行分类,可以为农民提供更精准的种植管理建议,包括适宜的种植时间、合理的施肥灌溉方案等。识别和区分不同品种、不同生长阶段的作物,还有助于实现作物的精细化管理,最大限度地满足作物的生长需求,提高作物的质量和产量。传统的作物分类通常需要人工参与,耗时费力且容易出现失误。而机器学习可以通过训练模型,对作物进行自动化分类和识别,大大提高了分类的准确性和效率。机器学习在作物分类上有着广泛的应用,可以通过分析作物的生长特征、图像数据、遥感数据等多种信息来进行分类和识别。例如:拍摄作物的照片或遥感图像,利用卷积神经网络等可以对不同种类的作物(如小麦、玉米、大豆等)进行自动分类;收集作物的叶片形状、颜色、高度等,结合机器学习算法可以区分不同品种或生长阶段的作物,帮助农民更好地管理作物;利用卫星或航空遥感数据,结合机器学习算法,可以对大面积的作物种植区域进行分类;利用多光谱传感器获取的作物数据,分析植被指数、土壤湿度、植被覆盖度等信息,结合机器学习算法可以实时监测作物的生长情况并进行分类。机器学习在作物分类上的应用提高了农业生产的效率和质量,促进了农业智能化发展,为农民提供了更多的农业决策支持和科学技术手段。

2. 作物生长状态监测

作物生长状态的监测指标涵盖叶面积指数(LAI)、生物量、氮含量、株高、叶绿素含量、光合速率等多个方面。这些指标反映了作物的生长速率、营养状况、光合作用能力以及整体生长健康状态,对于评估作物的生长活力、产量潜力以及环境适应性具有重要意义。通过分析遥感图像或传感器数据,机器学习可预测作物的叶面积指数,从而评估作物的覆盖情况;利用传感器数据或遥感图像,机器学习可以预测作物的生物量变化,有助于评估作物产量;通过分析土壤和作物样本的光谱数据,机器学习可预测作物的氮含量,以指导精确施肥;利用图像处理和机器学习技术,可以提取作物的株高信息,帮助调整种植管理措施;基于光谱数据和机器学习算法,可以预测作物的叶绿素含量,掌握作物的光合能力和健康状况。监测和分析这些指标,可以为农业生产提供科学依据,采取合理的种植管理措施,提高作物产量和品质,促进农业的可持续发展。

3. 杂草检测

杂草会产生毛刺或有毒物质,通过种子或根茎传播,与作物争夺养分、光线、空间、水和其他资源,杂草管理不当会导致产量和质量下降。除草剂经常被用于控制杂草,但过度使用除草剂会对生态系统、人类健康和土壤肥力产生负面影响,且费用昂贵。若能采取选择性喷洒,这些缺陷将得以避免。通常,在选择性喷洒除草剂之前,必须准确地识别杂草,因此,杂草的治理和控制在很大程度上取决于杂草识别的准确率。人工杂草识别通常是不可能或不切实际的,若将机器学习算法与传感器相结合,就能以低廉的成本有效识别和区分杂草,而不会对环境造成不利影响或其他问题。例如,在作物生长的早期阶段,利用无人机获取多光谱图像,从中提取有效的光谱特征,再利用随机森林分类器等机器学习算法可以将杂草从作物和土壤中准确地分离出来。机器学习算法与田间机器人结合已成功用于杂草的准确识别,这使杂草管理和控制的自动化成为可能。

4. 病害检测

植物病害会导致作物的严重损失并对农业生产力产生负面影响,传统的植物病害检测方法依赖于农学专家的目视检查,耗时、费力、昂贵。机器学习算法通过分析植物图像,提取病害部位的特征或模式,在准确检测植物病害方面表现出广阔的应用前景。机器学习算法可以在植物图像(包括叶片、茎和果实图像)的大型数据集上进行训练,以检测和诊断各种疾病。例如,卷积神经网络已被用于检测苹果黑星病、白粉病和番茄叶霉病等疾病;支持向量机可用于小麦叶片锈病检测;多层感知器和线性判别分析可用于检测辣椒中的黄曲霉毒素;将图像处理技术与机器学习算法相结合可对葡萄园中的埃斯卡病进行早期识别和分类;结合无监督分类和自适应阈值的方法可识别番茄叶中的病痂;多类支持向量机可用于识别、检测和诊断水稻叶部病害;基于机器学习的图像处理方法可识别和分类稻瘟病、细菌性叶枯病、纹枯病等病害。这些算法能够识别植物外观的细微变化,甚至可以在明显症状出现之前检测出病害,为农民提供潜在病害爆发的早期预警,帮助农民及时采取预防措施,例如使用杀菌剂或清除受感染的植物,以防止疾病传播并最大限度地减少作物损失。此外,基于机器学习的疾病检测还可以减少农药和其他有害化学品的使用,促进可持续农业实践。使用机器学习算法检测植物病害的关键挑战之一是数据的可用性和质量,因为准确且有代表性的数据集对于训练机器学习算法至关重要。因此,人们正在努力开发大型、多样化、高质量的植物图像数据集,用于训练和测试机器学习算法。随着该领域研究的不断深入,我们有望看到使用机器学习进行植物病害检测的更准确、高效且便捷的工具。

5. 产量预测

准确的作物产量预测对于优化农业生产和确保粮食安全至关重要。传统的作物产量估算方法耗时、劳动强度大且不准确。机器学习算法通过分析卫星图像、天气数据和作物生长信息等各种数据源,在准确估算作物产量方面显示出了前景,如利用卫星或航空器获取的遥感数据,可以预测大范围的作物产量;利用土壤的化学成分数据,结合地理信息系统(GIS)数据和气象数据,可预测不同土地上的作物产量;利用历史气象数据和气候模型,预测未来的气候条件,并据此推断作物的生长情况;基于作物生长模型的机器学习可以利用历史作物生长数据和气象数据,预测未来作物的生长情况和产量;结合传感器技术的机器学习算法,可以实时监测作物的生长情况,达到产量预测的目的。

6. 品质预测

作物的品质对销售至关重要,通常与土壤和气候条件、耕作方法以及作物特性相关。高质量的农产品往往能以更好的价格销售,为农民带来更多收入。例如:通过机器学习算法分析果园中的图像数据或传感器数据,可以预测水果的成熟度、大小、颜色和糖度等指标;利用机器学习算法分析农田中的作物生长情况、土壤质量、气候条件等数据,可以预测粮食的品质特征,如米的品质、面粉的品质和蛋白质含量等;利用传感器和图像处理技术,结合机器学习算法,可以对蔬菜的形状、大小、颜色和营养成分等进行评估和预测;利用机器学习算法分析茶园中的茶叶生长情况、气候环境和土壤条件等数据,可以预测茶叶的香味、色泽、口感和营养成分等品质指标。

4.3.2 畜牧业管理

畜牧业生产和管理主要与牛、羊、猪等供人类食用的肉类有关,通过这些牲畜的健康、食物、营养和行为等养殖参数来优化其生产,从而最大限度地提高牲畜养殖的经济效益。目前,人工智能、物联网和区块链技术被广泛探索并运用于分析牲畜的咀嚼习惯、饮食模式、运动模式,能够表明动物承受的压力大小,有助于预测牲畜的疾病情况、体重状况等。根据这些分析和估计,农民可以改变牲畜的饮食计划和生活条件,以便在牲畜的健康、行为和体重增加方面获益,从而提高经济效益。畜牧业管理可进一步分为动物健康监测和畜牧生产管理两个子类别。机器学习技术被应用于动物健康监测方面,以实现早期疾病检测。而畜牧生产则采用最大似然法来估计畜牧业的均衡产量,为生产者带来经济效益。

1. 动物健康监测

动物健康一直备受关注,因为动物的健康首先关系到产品质量,对消费者的健康有重要影响,其次则与经济效益密切相关。动物健康的评价指标主要包括生理应激和行为方面的指标,最常用的指标之一是动物的行为,其受到疾病、情绪和生活条件的影响,可以反映出动物的生理状况。在动物健康方面,机器学习技术发挥着重要作用,通过分析大量的动物行为数据和生理参数,机器学习模型可以识别出异常行为模式和生理状态,及时发现动物的健康问题。研究学者开发了一种基于机器学习的自动监控系统,通过使用深度摄像机和传感器来监测动物的行为(站立、移动、进食和饮水),利用深度学习技术检查牛的基本特征,预测健康牛和跛行牛。使用基于项圈的传感器(即磁力计和三轴加速度计)进行数据收集;使用基于机器学习的技术开发牛的行为分类程序,对牛的发情和饮食变化等事件进行分析,以确保其营养良好;利用基于机器学习的技术来自动识别羊的咀嚼习惯并分类,以分析其健康状况和行为模式。机器学习可以通过监测动物的行为和生理指标来预测可能的疾病或压力情况,并及时采取措施进行干预,从而提高动物的健康水平,优化生产过程,提高产品品质,同时也提升经济效益。

2. 畜牧生产管理

由于动物管理实践对生产要素的影响,牲畜所有者对资产的管理更谨慎了。随着牲畜数量的增加,饲养员对每只动物都进行适当考虑变得困难,因此需要利用先进的传感器技术和机器学习技术来提高畜牧业的生产效率。例如:

使用预测机器学习算法构建决策支持系统,为乳制品行业提供产犊帮助;利用机器学习算法分析奶牛群的产犊情况,建立胎次、产奶天数、服务间隔、最后一次产犊时面临的困难、牛群身体状况的数据集,以预测乳制品行业中人工授精技术的使用情况;基于奶牛的行为数据,利用机器学习算法预测产犊日期。隐性乳腺炎(SCM)是一种广泛影响乳制品行业的炎症性疾病,体细胞计数(SCC)在全球范围内广泛用于检测 SCM,可构建其机器学习检测模型,用于判定奶牛的炎症情况。随机森林算法可用来预测细菌的传播途径,并将其分为传染性(CONT)或环境性(ENV)菌株,再利用光谱剖面数据集,使用机器学习分类器来区分 CONT 和 ENV 菌株,从而确定处理方案。采用基于支持向量机的方法可对禽场鸡蛋生产问题进行早期检测、预警,预警可提前一天发出。机器学习算法在牲畜管理中发挥着至关重要的作用,将牲畜数据与公共数据相结合将提高精准畜牧养殖标准。

4.3.3 土壤性质

土壤性质与所在地理位置和气候条件直接相关,是影响作物选择、土地准备、种子选择、肥料选择和作物产量的第一个因素。在基于机器学习算法的土壤性质预测研究中,通过电气和电磁传感器获取的数据主要用于间接监测。目前大多数预测模型仍广泛采用监督学习方法。预测的一般流程为土壤样品的采集和数据处理、模型输入变量选择和提取、输入变量特征工程、模型的构建和评价,最后开展预测。根据研究变量的属性不同,土壤性质可分为物理性质、化学性质和生物学性质。

1. 物理性质

基于机器学习的土壤物理性质预测项目常见的有土壤含水量、土壤温度、土壤质地等;在模型使用频率方面,随机森林(RF)、决策树(DT)、支持向量机(SVM)、BP 神经网络(BPNN)、人工神经网络(ANN)表现均较好,极限提升树(XGBoost)、增强回归树(BRT)等使用频率也较高。利用实时监测数据建立土壤水分预测模型较为常见,基于光学遥感技术建立土壤水分预测模型的方法也在逐渐增多。围绕土壤温度开展的研究主要有时间序列预测、空间分布预测和时空预测,集成学习和深度学习方法近年来在该领域也备受关注。土壤质地研究主要包括空间分布以及空间变异,多为分类预测问题,常见的土壤质地预测研究模型包括分类回归树(CART)、RF 和 Logistic 回归模型(线性回归分析模型)等,也有基于非线性回归方法的土壤质地预测研究模型。此外,机器学习算法也常见于土壤密度、土壤团聚体稳定性的预测中。关于预测变量来源,土壤实测数据、气象数据、遥感数据的选取频率最高,而将光谱数据作为预测变量来源的研究仍较少。

2. 化学性质

基于机器学习的土壤化学性质预测大多集中于土壤有机碳（或有机质）和氮，而关于预测土壤磷、重金属、盐分和酸碱度等的研究相对较少。在土壤化学性质预测模型中，RF 模型的使用频率远高于其他模型，SVM 和 BPNN 模型的使用频率也较高。土壤养分的预测研究可基于遥感光谱技术，并借助统计方法结合机器学习开展，其中集成学习、深度学习方法的效果显著。近年来，基于规则的立体派（cubist）算法在此领域的应用也逐渐增多，效果较好。基于遥感光谱技术，结合机器学习建立土壤重金属反演模型的预测效果较好，集成学习算法尤其以使用 RF 模型最为有效。虽然关于土壤 pH 值等土壤化学性质预测的研究较少，但研究发现，使用 RF 的预测效果较为理想。研究土壤化学性质的预测变量来源发现，遥感、地形、气象数据的使用频率最高，光谱数据的使用频率较研究土壤物理性质、生物学性质时的高，土壤数据的使用频率较低。

3. 生物学性质

与土壤物理性质和化学性质相比，基于机器学习的土壤生物学性质的预测研究相对较少，主要包括土壤酶活性、土壤呼吸、土壤微生物量碳氮、地下生物量、土壤微生物群落等的预测研究。在生物学性质预测中所使用的机器学习模型多为精度较高的 RF 和 ANN 模型，更多类型的模型的使用还需进一步探索。关于预测变量来源，遥感、地形、土壤数据的使用频率最高，光谱数据的次之。值得注意的是，在基于机器学习的土壤酶活性预测工作中，近红外光谱数据作为输入变量构建的模型预测效果在个别研究中的表现不佳。

第5章
机器视觉

5.1 机器视觉的基本概念和发展历程

5.1.1 基本概念

机器视觉技术是一门涉及人工智能、神经生物学、心理物理学、计算机科学、图像处理、模式识别等诸多领域的交叉学科。它主要利用计算机来模拟人的视觉功能,对客观事物的图像进行识别、分析和处理。这一技术对具体的实物进行图像的采集、处理、计算,最终用于实际检测、测量和控制。机器视觉技术在我国农业领域的应用已经日臻广泛且深入,展现出高精度、高效率及广泛适用性的显著优势。自机器视觉技术最初应用于植物品种识别以来,其已经成为从考种、种植、采收,再到后期分级加工乃至整个农业生产环节的成熟技术,在种植业以外的其他涉农行业也有应用,对提高作业精度、节约劳动力、带动产业升级、推动农机信息化和智能化等具有重要意义,为我国农业发展做出了重要贡献。当前,我国正处于传统农业向现代农业转型的关键阶段,机器视觉技术在这一进程中扮演了举足轻重的角色。作为农业机械的"视觉感知器官",机器视觉在近年来取得了突飞猛进的发展,极大地提升了农业生产的效率和自动化水平,成为推动我国农业现代化不可或缺的技术力量。

顾名思义,机器视觉是使机器具有像人一样的视觉功能,从而实现各种检测、判断、识别、测量、定位等功能。其核心在于将物体的影像转化为数字信号,这些信号随后被用于各种后续的处理和分析。机器视觉的工作流程包括图像采集、预处理、特征提取、分类和决策等步骤。图像采集是运用机器视觉的第一步,通过摄像头、线扫描仪、CCD(电荷耦合器件)等设备将目标转换成图像信号,然后传输到计算机中。预处理阶段则涉及对图像进行的各种操作,如分割、滤波、增强和去噪,以得到更加可靠、准确和稳定的图像数据。在特征提取阶段,系统会从图像中提取出感兴趣的特征,如边缘、角点、纹理等,为后续的分类和识别提供数据。最后,在分类和决策阶段,系统会将提取出的特征与已知数据进行比较,并按照设定的规则进行分类和判断。

一个典型的机器视觉系统包括光源、镜头、相机(CCD 相机和 CMOS(互补金属氧化物半导体)相机)、图像处理系统(包括硬件和软件)、显示器、执行单元等。如图 5-1 所示,机器视觉系统通过图像捕捉系统(相机、镜头、光源等)将被摄取目标转换成图像信号,并传送给专用的图像处理系统。图像处理系统根据像素亮度、颜色分布等信息,对目标进行特征提取,并做相应的判断,进而根据结果来控制现场的设备。机器视觉系统综合了光学、机械、电子、计算机软硬件方面的技术,涉及图像处理、模式识别、人工智能、光机电一体化等多个学科领域。

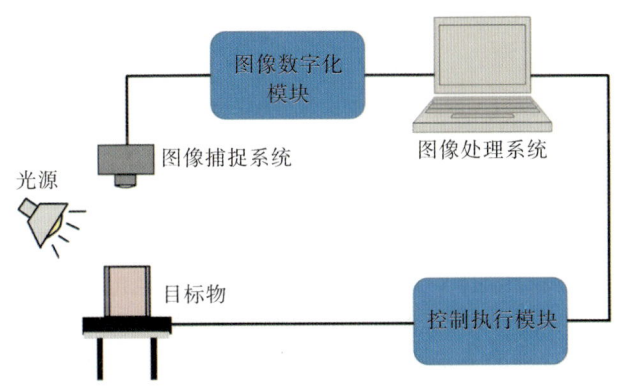

图 5-1　典型的机器视觉系统

机器视觉是人工智能领域的一个重要分支,旨在使计算机具备模仿人类视觉系统的能力,以实现图像和视频的理解和处理,下面是关于机器视觉技术的基本概念。

① 图像获取与处理:机器视觉的第一步是通过相机、传感器等设备获取图像数据,然后通过图像处理技术对图像进行预处理,包括去噪、增强、分割等操作,以便更好地提取有用的信息。

② 特征提取:特征提取是机器视觉任务的核心步骤,它涉及从图像中提取出用于表示和描述目标的有意义的特征。常用的特征包括颜色、纹理、形状、边缘等,以及更高级的特征,如深度和运动。

③ 目标检测与识别:在机器视觉中,目标检测和识别是重要的任务。目标检测涉及在图像中定位和标定目标的位置,而目标识别则是确定目标的类别或身份。这些任务常使用机器学习和深度学习技术,包括传统的图像分类方法和最先进的卷积神经网络算法。

④ 目标跟踪:目标跟踪是指通过连续帧图像对目标进行实时跟踪和定位。目标跟踪在许多领域都很重要,例如视频监控、自动驾驶和增强现实等领域。

⑤ 三维重建:三维重建技术利用一系列图像或视频数据,从二维到三维的角度重建出场景的三维结构。这在虚拟现实、机器人导航和建筑设计等领域非常重要。

⑥ 模式识别:模式识别是一种通过计算机识别和分类图像或图像中的物体,并根据它们的特征进行预测和判定的方法。它依赖于机器学习、统计学和模型推断等技术。

⑦ 深度学习:深度学习是机器学习的一个分支,通过构建深层神经网络模型来处理和学习复杂的视觉特征。深度学习已经在很多机器视觉任务中取得重要突破,例如图像分类、目标检测和图像生成等。

5.1.2 发展历程

(1)国外机器视觉的发展历程。

20 世纪 50 年代提出机器视觉概念,20 世纪 70 年代真正开始发展,20 世纪 80 年代进入发展期,20 世纪 90 年代发展趋于成熟,20 世纪 90 年代后开始高速发展。机器视觉的发展有两次大的飞跃:一是 20 世纪 70 年代 CCD 图像传感器的出现,这是机器视觉发展历程中的一个重要转折点;二是 20 世纪 80 年代 CPU、DSP 等图像处理技术的飞速进步,为机器视觉的飞速发展提供了基础条件。

(2)国内机器视觉的发展历程。

国内机器视觉技术起步于 20 世纪 80 年代,20 世纪 90 年代进入发展期,加速发展则是近几年的事情。国内相关研究多数仍处于试验阶段,但随着国家的政策支持和经济投入,也取得一定的研究成果。机器视觉技术在农业领域主要应用于农产品质量分级和无损检测、作物信息监测等方面。基于机器视觉的农业装备可以极大地提高生产效率,实现农业生产的智能化。随着智能驾驶的兴起,农田车辆导航成为当前的研究热点,搭载机器视觉系统的智能农业机械也广泛地应用在农业生产中。中国正处于传统农业向现代农业的过渡期,融合各种现代化智能技术的农业将成为未来的发展趋势。在农业生产中,机器视觉技术可以节约劳动力、带动产业升级、推动农业现代化的发展进程,对未来农业的智能化发展有重要意义。

5.2 机器视觉的关键技术

5.2.1 图像采集系统

机器视觉获取图像信息的主要方式是依靠视觉传感器,不同的视觉传感器获取到的图像信息各有差异。根据捕捉到的图像维数,视觉传感器主要分为两类：包含形态学特征（颜色、形状和纹理）的二维（2D）视觉传感器和以获取三维立体信息、空间坐标为主的三维（3D）视觉传感器。针对不同的农业生产环节、作业对象和工作环境选择最合适的视觉传感器，才能在达到目的的同时发挥传感器的最大优势。常用的视觉传感器包括单目视觉传感器、立体双目视觉传感器、激光主动视觉传感器、热成像传感器和光谱相机等。

（1）单目视觉传感器。

单目视觉传感器作为最早使用在机器视觉中的传感器，主要供采摘机器人识别目标果实。它由一个单目相机构成，一般采用 CCD 或 CMOS 光学相机，主要通过颜色和纹理特征来识别目标果实，在黑白相机被彩色相机取代后，有颜色的目标果实更容易被识别，如苹果、柑橘、西红柿等。此外，基于单目视觉传感器的测距、抓取、无人机避障和地图构建等技术应用都趋于成熟。单目视觉传感器只有一个单目相机，单目视觉系统的构成相对简单，经济性较好，但单目相机只能获取目标果实的二维图像信息，不能获取目标果实的三维空间坐标信息，成像效果也容易受到光照强度和相机拍摄角度等因素的影响。

（2）立体双目视觉传感器。

立体双目视觉传感器是为了获取场景的三维空间坐标和立体图像信息，在单目视觉传感器的基础上增加了一个相机，分置在同一垂直光轴上，两个相机利用三角成像原理对同一场景采集不同角度的图像信息。立体双目视觉系统能有效获取目标的空间位置信息，解决了单目视觉成像效果受光照变化影响的问题，丰富的三维空间信息也使目标果实的定位与识别更加准确。立体双目视觉在提高识别定位成功率的同时，在目标果实成簇生长、强光下目标果实相互粘连，以及目标果实与枝叶近色系识别等难题上发挥出巨大优势，对簇生西红柿的识别率可达 87.9%。同样，它在测距、导航、避障等领域的应用效果也优于单目视觉传感器。与单目视觉系统一样，双目视觉系统主要依靠颜色和纹理两大特征来识别目标果实，具有效率高、精度合适、系统结构简单和成本低等优点，但对传感器标定精度要求较高，匹配成功率受相机畸变系数、标定图像数量、标定靶位置的影响。

（3）激光主动视觉传感器。

激光主动视觉传感器主要由发生器和接收器两部分构成。激光从发生器发出后对被测目标进行扫描，随后计算机通过接收到的反射光线形成图像，再通过计算机算法对被测目标进行三维形貌构建，从而获取场景深度的相关信息。激光主动视觉传感器的最大特点在于可自身发出激光，不依赖于自然光源，立体成像和三维重构不受光线、背景干扰的影响，结合红外光源和线性结构光源，实验室环境下对果柄的识别率高达 97.5%，在解决非结构化作业环境下目标果实识别难题,精确定位目标果实空间位置和自身大小参数,以及测量采摘机器人末端执行器位置等方面具有巨大优势。由于激光主动视觉在扫描目标果实的同时也会不可避免地引入背景元素,因此采摘机器人的目标果实识别还需要充分利用果实的其他相关形貌特征,如形状、纹理等。然而,庞大的图像信息扫描和测量参数对计算机的后续处理能力提出更高要求,系统结构过于复杂也限制了激光主动视觉当前的应用范围。

(4)热成像传感器。

热成像技术,也称为红外热成像技术,是一种通过检测和测量目标物体发出的红外辐射来生成热图像的技术。物体内部的分子运动会产生热量,并以红外辐射的形式向外发射,这种辐射的强度与物体的温度密切相关。热成像技术的核心原理在于检测物体发出的红外辐射,利用红外传感器将目标物体表面的热量分布转化为热图像,显示出物体的温度分布情况。热成像技术在农业应用领域主要有以下几方面的优势:① 非接触性检测。热成像技术无须直接接触被测物体,即可获取其温度信息,减少了对动物、植物的干扰。② 全天候工作能力。由于不依赖可见光,热成像技术在夜间或恶劣天气条件下仍能正常工作,为农业生产提供连续不间断的监测。③ 预防性监测。通过温度异常监测,可以及时发现潜在问题,如病虫害、水分胁迫等,从而采取预防措施,减少损失。

在农业生产中热成像传感器有着广泛的应用场景:① 植物健康监测。通过热成像传感器,可以非接触性地监测植物叶片和茎干的温度分布,从而判断植物的水分状况、病害发生情况以及营养状况。例如,叶片温度异常可能表明缺水或病害感染。② 果实成熟度检测。某些果实在成熟过程中,其表面温度会发生变化。通过热成像传感器,可以无损地评估果实的成熟度,为采摘时机提供科学依据。③ 病虫害检测。害虫活动往往会导致植物局部温度异常,通过热成像技术,可以及时发现害虫活动的迹象,从而采取有效的防治措施。同时,热成像传感器在农业应用方面也存在一些挑战:一方面由于热成像波长较长,导致成像结果的对比度较低,非均匀性大,并且空间分辨率较差,这可能影响到目标的精确识别;另一方面热成像的温度传感器容易受到外界环境温度变化的干扰,会对识别结果产生一定影响。总体来看,热成像传感器能够检测和测量目标物体发出的热辐射、生成热图像、展示物体的温度分布情况,再加上其无接触测量、即时可视化等特点,使得热成像技术在农业领域得到了广泛应用和发展。

(5)光谱相机。

光谱成像技术是一种集光谱探测与成像于一体的先进光学传感手段。它利用精密的光学设备,捕捉同一目标在不同窄光谱带上辐射的信息,从而生成一系列具有不同光谱特性的图像。光谱相机根据分辨率的不同,主要划分为多光谱相机和高光谱相机两类。相较于多光谱相机,高光谱相机能够覆盖更广泛的光谱波段,提供更为丰富的光谱信息。随着光谱成像技术的不断进步与普及,多光谱相机作为环境感知的重要传感器,正逐渐在果蔬采摘机器人领域得到广泛应用。多光谱相机能够协助机器人更准确地识别并定位目标果实,提高采摘效率。而高光谱相机拥有从可见光到近红外的卓越光谱覆盖能力,能够精确识别被枝叶、树干遮挡的果实,或是与背景、枝叶颜色相近的果实,如青柑橘、黄瓜等。不过,高光谱相机所获取的大量光谱波段信息,对后期的图像处理提出了巨大的挑战,这不仅要求计算机具备高性能的处理能力,还需要先进的算法进行支持。此外,处理这些庞大的信息数据也极其耗时,因此在实时识别的场景中,高光谱相机的应用受到一定的限制。尽管如此,随着技术的不断进步,光谱成像技术将在未来的更多领域展现其巨大的应用潜力。

5.2.2　图像处理技术

图像处理是机器视觉中的关键环节,它涉及对获取的图像进行预处理、增强和分析等一系列操作,以提取有用的视觉信息。机器视觉中常用的图像处理技术包括图像去噪、图像增强、图像分割、图像配准、特征提取、图像重建、图像压缩等。

1. 图像去噪

图像去噪技术在图像处理领域扮演着重要的角色,旨在从受到噪声干扰的图像中还原出原始清晰的图像,以提高图像的信噪比。在实际应用中,图像经常受到各种噪声干扰,例如高斯噪声、椒盐噪声等,这些噪声会显著影响图像质量和后续处理的准确性。图像去噪技术的核心思想是利用特定算法和处理方法,尽可能减少或消除图像中的噪声,同时保留图像的有用信息。目前,常见的图像去噪方法主要分为两类:空间域去噪和变换域去噪。空间域去噪方法直接处理图像空间中的像素灰度值,常见算法包括均值滤波、中值滤波等。这些算法通过计算像素邻域内的平均值或中值来替代原像素的灰度值,达到去噪效果。空间域去噪方法虽然简单易用,但在处理复杂噪声时效果可能不佳。变换域去噪方法则将图像从空间域转换到其他域(如频域、小波域等),在新域内进行去噪处理,最后再转换回空间域。常见的变换域去噪方法包括傅里叶变换、小波变换等。这些方法更有效地分离了噪声和信号,因此在处理复杂噪声时具有更好的性能。随着深度学习技术的快速发展,基于神经网络的图像去噪方法也取得了显著成果。这些方法通过训练深度神经网络模型来学习噪声和清晰图像之间的映射关系,从而实现更高效的去噪效果。目前,卷积神经网络(CNN)和生成对抗网络(GAN)等一些先进的神经网络模型已被广泛应用于图像去噪任务中。总之,图像去噪技术是图像处理领域中的关键技术之一,对于提高图像质量和后续处理的准确性具有重要意义。随着技术的进一步发展,图像去噪方法将变得更加成熟和完善,为图像处理领域的发展提供有力支持。

2. 图像增强

图像增强技术是机器视觉领域中广泛应用的一项关键技术,旨在改善图像的质量和可视性。通过一系列的处理方法和算法,图像增强技术能够对图像进行各种操作,使其更清晰、对比度更强,并提升图像的细节和分析能力。图像增强技术可以分为空间域方法和变换域方法两大类。空间域方法主要对图像的像素灰度值进行直接处理,常见的技术包括灰度变换和直方图均衡化等。灰度变换通过调整图像的灰度级别来扩展对比度,使得图像的细节部分得到更好的展示。而直方图均衡化则是通过改变图像的直方图分布来增强图像的对比度,使得图像的亮度分布更加均匀,提高了图像的视觉效果。变换域方法则是在特定的变换域内对图像进行处理。例如,在频域中,可以通过滤波操作来增强图像的某些频率成分,同时抑制其他成分,以达到图像增强的目的;而在小波域中,可以利用小波变换的多尺度特性,对图像进行不同尺度的增强处理,从而突出图像的重要特征。此外,随着深度学习技术的不断发展,基于神经网络的图像增强方法也取得了显著的成果。例如,卷积神经网络(CNN)和生成对抗网络(GAN)等深度学习模型,能够通过学习大量图像数据的特征表示,实现更为精准和高效的图像增强效果。在机器视觉应用中,图像增强技术广泛应用于各种场景,如工业检测、医学影像分析、安全监控等,通过增强图像中的有用信息,抑制噪声和干扰。图像增强技术能够显著提高机器视觉系统的性能和准确性,为各种自动化和智能化应用提供有力支持。

3. 图像分割

在机器视觉中,图像分割技术是一种将图像划分为不同区域或对象的过程,旨在简化或改变图像的表示形式,使其更易于分析。图像分割是机器视觉领域的关键任务之一,对于理解图像内容、识别和分析图像中的目标以及实现自动化和智能化处理具有重要意义。下面是对机器视觉中常用的图像分割技术的介绍。

① 阈值分割 阈值分割是一种简单而常见的图像分割方法,它基于图像像素的灰度值与预设阈值的关系,将图像分成不同的区域,适用于图像中目标与背景灰度差异明显的场景。

② 边缘检测 边缘检测技术旨在提取图像中的边缘信息,即物体间的边界,通过检测图像中亮度或颜色的变化,可以找到图像中的边缘,以实现图像分割。

③ 区域生长　区域生长是基于像素种子点和相似性准则来扩展和合并相邻像素,从而形成具有相似属性的区域。它适用于分割具有相似颜色、纹理或亮度的对象。

④ 聚类算法　聚类算法是一种基于像素属性和相似度进行分组的图像分割技术。在特征空间中聚类操作可将图像像素划分为不同的类别或群组。

⑤ 分水岭算法　分水岭算法是一种基于图像梯度信息的分割方法。它将图像的梯度信息视为地形地貌,通过将水流从高处流向低处以形成分割边界。

⑥ 深度学习方法　深度学习方法在图像分割任务中展示了强大的能力。基于深度神经网络的方法,如全卷积网络(FCN)、U-Net 和 Mask R-CNN 等,通过学习图像的语义信息和上下文关系实现高精度的图像分割。

这些图像分割技术在机器视觉中起着至关重要的作用。它们能够将图像划分为具有一致性语义或特征的区域,从而实现目标的定位、识别和分析。根据具体应用的需求和图像特点,选择适当的图像分割技术可以获得准确的分割结果。随着技术的进步和深度学习的发展,图像分割技术将不断推动机器视觉领域的创新和进步。

4. 图像配准

机器视觉中的图像配准技术是一种关键技术,用于将不同时间、不同视角或不同传感器拍摄的两幅或多幅图像进行对齐和匹配。图像配准技术的主要目标是找到图像之间的点对点映射关系,或者对某种感兴趣的特征建立关联,以实现图像的精确对齐。图像配准的过程可以看作一个寻找最佳变换参数的过程,这些参数能够使两幅或多幅图像在某种相似性度量下达到最优对齐。这种对齐不仅有助于后续的图像处理和分析任务,如图像融合、变化检测和三维重建,还能提高图像信息的可利用性和准确性。

图像配准技术一般涉及四个关键步骤:特征提取、特征匹配、变换模型估计和图像坐标变换。初始阶段,需要从待配准的图像中精确地提取出显著的特征元素,这些特征可能包括边缘信息、角点检测或特定的纹理模式等。随后,通过专门的匹配算法对这些特征进行详细的对比分析,以确保找到精确对应的特征点。紧接着,基于这些已经匹配的特征点对,采用数学方法估算出两个图像之间的空间变换模型,这类模型可能涵盖刚体变换、仿射变换、投影变换,或是更为高级的非线性变换等。最终,基于这个精确计算的变换模型,将源图像精准地映射到目标图像的坐标系统中,以达到图像之间的精确对齐。在实际应用中,图像配准技术被广泛应用于多个领域,如遥感图像处理、医学影像分析、计算机视觉和工业检测等。例如:在遥感领域,图像配准技术可以用于对齐不同时间或不同传感器获取的图像,以便进行地表变化检测或环境监测;在医学影像领域,该技术可以帮助医生将不同模态或不同时间的影像进行匹配,以辅助诊断和治疗规划;在计算机视觉领域,图像配准则是实现目标跟踪、场景理解和三维重建等任务的基础。

5. 特征提取

机器视觉中的特征提取技术是一种关键的数据处理技术,旨在从原始图像数据中提取出有意义且具代表性的信息,以便于后续的分类、识别或分析。所提取的特征,如颜色、纹理、形状、边缘及角点等,均能有效地揭示图像的内容和结构特性。在机器视觉的各项任务中,特征提取被视为一个不可或缺的环节。借助特征提取技术,原始的像素数据可以被转换为更为抽象和紧凑的特征向量,这些向量不仅处理起来更为便捷,而且更能深刻地反映出图像的本质属性。下面介绍机器视觉中常用的特征提取技术。

① 边缘特征　边缘特征是图像中明显变化的区域,反映了图像中物体的轮廓和形状。边缘检测算法可以识别出图像边缘,并提取边缘特征用于目标检测和图像分割等任务。

② 角点特征　角点特征是图像中尖锐且明显的转折点,对于确定物体的位置和形状变化非常重要。角点检测算法可以提取图像中的角点特征,常用的方法包括 Harris 角点和 FAST 角点等算法。

③ 纹理特征　纹理特征是图像中物体的表面细节和纹路信息。纹理特征技术通过分析图像区域的纹理分布和纹理统计特性,可以提取纹理特征用于图像分类、目标识别和人脸识别等任务。

④ 颜色特征　颜色特征反映了图像中物体的颜色分布和色彩信息。颜色特征技术通过分析图像中像素的颜色直方图、颜色矩或颜色空间特征,可以提取颜色特征进行图像分类、图像检索和目标识别等任务。

⑤ 深度特征　深度特征是基于深度学习技术提取的高级图像特征。深度特征技术通过预训练的深度卷积神经网络模型,可以提取图像中的语义信息和高级特征,被广泛应用于目标检测、图像分割和人脸识别等任务。

特征提取技术在机器视觉领域的应用价值不容忽视。在图像分类任务中,有效的特征提取能够显著提升分类器的性能和准确率;在目标检测任务中,特征提取技术有助于精确锁定并识别图像中的目标对象。此外,在图像检索、人脸识别以及场景解析等多个领域,特征提取技术同样发挥着举足轻重的作用。

6. 图像重建

机器视觉中的图像重建技术是一种通过对图像数据进行处理和分析,以恢复或提高图像质量的方法。图像在采集、传输和存储过程中,由于受到噪声、模糊、失真等各种因素的影响,往往会导致图像质量下降。图像重建技术利用图像的统计特性、先验知识和复原算法等,可提高图像的质量和细节。图像重建技术的目标就是通过算法和计算机视觉技术来重建高质量的图像,从而提升图像的视觉效果和信息含量。下面介绍机器视觉中常用的图像重建技术。

① 插值方法　插值方法是一种常见的图像重建技术,其核心是根据已知像素值来推测缺失或损坏的像素值。常用的插值方法包括最近邻插值、双线性插值和双立方插值等,这些方法都基于图像的局部统计特性来进行像素值的推算。

② 去模糊方法　去模糊方法用于解决因图像模糊导致细节损失和图像质量下降的问题。这类技术依赖于图像的模糊模型,通过复原模糊核或估算原始图像的退化过程,以达到图像去模糊的效果。

③ 超分辨率重建　超分辨率重建技术旨在将低分辨率图像恢复为高分辨率图像,通过融合多个低分辨率图像的信息和高分辨率的先验知识,能够生成细节更丰富、清晰度更高的高分辨率图像。

④ 压缩感知重建　压缩感知重建技术通过采集少量和非均匀的图像测量数据,结合稀疏表示和约束优化方法,能够恢复图像的完整信息。这种技术在数据获取和存储方面具有显著优势,并能实现高质量的图像重建。

⑤ 深度学习算法　深度学习算法在图像重建任务中表现出色。利用深度神经网络模型,如卷积神经网络(CNN)和生成对抗网络(GAN),学习图像的高级特征和映射关系,从而实现更精确的图像重建。

上述图像重建技术在机器视觉中扮演着重要的角色,能够将损坏、模糊或低质量的图像恢复为清晰和高质量的图像。选择适当的重建方法和算法,结合先验信息和图像模型,可以提高图像的质量、增强图像的细节,并支持后续的图像分析、目标检测和模式识别等任务。在实际应用中,图像重建技术被广泛应用于多个领域。例如,在医学影像中,CT 图像重建算法可以通过处理扫描数据来重建被扫描物体的三维结构,这在医疗诊断和治疗中具有重要意义。此外,在遥感图像处理、安全监控、自动驾驶等领域,图像重建技术也发挥着关键作用。

7. 图像压缩

图像压缩技术旨在将图像数据压缩为更小的文件,以节省存储空间和传输带宽,通过去除图像中的冗余信息和利用人眼视觉系统的特性,在保持图像质量的同时减少数据量。下面介绍机器视觉中常用的图像压缩技术。

① 无损压缩　无损压缩技术指的是在数据压缩与解压缩过程中,能够保证图像信息完整无损的一种压缩技术。该技术主要依赖于高效的编码与预测算法,确保压缩后的数据能 100% 还原为初始图像。常用的无损压缩手段包含无

损编码算法,例如霍夫曼编码和算术编码等。

② 有损压缩　有损压缩技术是通过舍弃人眼难以察觉的图像细节来实现更高压缩率的方法。根据图像的具体特性与可接受的失真程度,有损压缩可选用不同的压缩算法及参数。常见的有损压缩算法包括离散余弦变换(DCT)和基于量化的压缩算法(如 JPEG)等。

③ 混合压缩　混合压缩技术是一种融合了无损与有损压缩策略的高效压缩技术。它通常对图像的关键部分采用无损压缩,以确保重要信息的完整性;而对于人眼较难辨识的细节部分,则使用有损压缩以减少数据量。混合压缩技术能在维持图像整体质量的基础上,有效地降低图像的数据大小。

图像压缩技术在机器视觉中广泛应用,并为图像处理、数据存储和传输提供了重要的解决方案。选择合适的压缩技术和参数,可以根据实际需求平衡图像质量和压缩比率。随着技术的发展和深度学习的应用,图像压缩技术将进一步提升压缩效率和图像质量,为机器视觉领域的应用和发展提供更多支持。

5.3　机器视觉的农业应用

目前,机器视觉技术在农业生产中的应用研究范围很广,涉及农业生产的各个环节:在农业生产前期,可以利用机器视觉进行作物种子的精选和质量检验;在农业生产环节,机器视觉可以用于作物病虫害监视、植物生长信息监测、果蔬检测等;在农业生产后期,机器视觉的应用包括水果分级、粮食无损检测等。机器视觉也被广泛应用在农业机械上,可以提高生产效率、节约劳动力、提高农业自动化水平。

5.3.1　作物病虫害诊断

传统的作物病虫害诊断主要依赖于目视检查、显微镜观察以及生化检测等方法。这些方法虽然在一定程度上能够识别病虫害,但存在主观性强、耗时耗力、效率低下等问题。机器视觉技术可以通过对作物叶片、果实等部位的图像进行自动分析和处理,提取出与病虫害相关的特征信息,进而实现自动化、高精度的诊断。随着计算机视觉和人工智能技术的快速发展,越来越多的研究者开始探索将机器视觉技术应用于作物病虫害诊断中,以期提高诊断的准确性和效率。

在作物病虫害诊断领域,与机器视觉相关的图像识别、机器学习和深度学习等关键技术发挥着重要作用,通过模拟人类的视觉系统,利用计算机对图像或视频进行识别、分析和处理,从而实现对作物病虫害的自动检测与诊断。机器视觉可以帮助种植人员更快更好地识别病虫害类型,评估病虫害受灾情况,从而制定恰当的应对措施。早期利用机器视觉实现的病虫害识别主要是基于简单的形状逻辑判断,而后发展到基于特征向量的模式识别,如今随着深度学习的发展,卷积神经网络及其改进算法的引入大幅提高了识别率。图像识别技术能够自动提取作物叶片的图像特征,为病虫害诊断提供客观依据。机器学习算法则能够通过学习大量的样本数据,构建出能够识别病虫害的分类器。深度学习模型,尤其是卷积神经网络,在图像特征提取和分类方面表现出色,能够进一步提高诊断的准确性和效率。例如,训练卷积神经网络模型识别叶片上的斑点、色泽变化、形状畸变等特征,可以准确地区分健康和受感染的植物部分。

目前,机器视觉技术在作物病虫害诊断方面的应用已经取得了一定的成果(见图 5-2)。在无人机与机器视觉相结合的应用方面,美国加利福尼亚州的研究团队应用无人机搭载高分辨率相机对葡萄园进行监控。该团队首先采集葡萄叶片图像,利用机器视觉技术自动识别霜霉病斑点。然后,通过深度学习模型分析图像数据,不仅精准识别出受感染区域,还评估了病害的严重程度,从而精确指导喷洒农药,优化了化学治疗的效果和减少了化学品的用量。在温室作物早期病害检测方面,荷兰一家农业技术公司开发了一种基于机器视觉的系统,用于连续监测温室内的番茄和黄瓜等作物。系统通过固定摄像头捕捉作物生长过程中的连续图像,对叶片进行实时分析,通过机器学习算法早期识别出叶色变化或斑点等病害迹象,实现了病害的早期发现和及时干预。在高光谱成像与机器视觉结合的应用方面,中国研究人员利用高光谱成像技术结合机器视觉系统对水稻病害进行检测。系统通过分析高光谱图像捕捉到比常规 RGB 图像更广泛的光谱数据,识别早期病害的光谱特征信号。通过深度学习模型处理这些数据,病害在形成初期得到了及时干预,显著减少了作物损失。

陈兵旗等研究了小麦病害图像诊断算法。首先利用小波变换结合病害纹理特征分析强调病害部位;然后通过模态法自动阈值分割,获得二值图像,并对其执行膨胀与腐蚀处理,获得病害部位较完整的修复图像;将修复图像病害部位的二值图像与原图像进行匹配,获得检测结果图像;获得检测结果图像之后,将病害部位特征数据与小麦病害种类数据库比对,进行病害类型的判断。韩瑞珍等设计了害虫远程自动识别系统,实现了大田害虫的快速实时识别。害虫图像经过分割后,寻找最大连通区域进行去噪处理得到最后的害虫图像,提取各特征值并保存为特征值矩阵;利用得到的特征值矩阵对支持向量机分类器进行训练;最后,利用分类器对害虫识别请求进行自动分类。该系统可以通过 3G 无线网络将害虫照片传输到主控平台实现远程自动识别。

随着技术的不断进步,机器视觉技术在作物病虫害诊断方面呈现出以下几

图 5-2   作物病虫害诊断

个发展趋势:① 实时性与精准性的提升。随着计算能力的提升和算法的优化,机器视觉系统能够更快地处理图像数据,实现病虫害的实时诊断;同时,通过改进特征提取和分类识别算法,可以进一步提高诊断的精准度。② 多模态数据的融合。除了图像数据外,机器视觉系统还可以结合光谱、声音、温度等多模态数据进行病虫害诊断。多模态数据的融合能够提供更丰富的信息,有助于提高诊断的准确性和可靠性。③ 模型的可解释性与鲁棒性增强。随着深度学习等复杂模型在病虫害诊断中的应用,模型的可解释性和鲁棒性成为研究的重点,通过改进模型结构、引入正则化技术等手段,可以提高模型的稳定性和泛化能力,同时增强模型的可解释性,便于用户理解和信任诊断结果。整体来看,机器视觉技术在作物病虫害诊断方面已经取得了显著进展,并在未来有着广阔的发展前景。随着技术的不断进步和应用场景的拓展,机器视觉技术将为作物病虫害的诊断和防治提供更加高效、精准和智能的解决方案。

5.3.2   农作物的无损检测

1. 作物种子质量鉴定

作物种子的品质对最终产量具有决定性影响,因此,精准的类型识别与播种前的细致筛选对于提升农作物的产量至关重要。在种子质量检验方面,机器视觉技术发挥了举足轻重的作用,其检验流程涵盖了图像采集、特征提取以及分类器的设计。相关研究人员在此基础上开发出机械分选装置,并构建了种子在线检测系统。陈兵旗等设计了一种基于机器视觉的水稻种子优选装置,装置的核心部件包括传送带、光电触发的图像采集系统以及一个图像处理与分析系统,这套系统不仅能够识别出几何参数不合格的种子,还能准确地检测出霉变的种子。在种子优选的过程中,该系统通过扫描线上的像素突变次数来判定种子是否存在破裂情况,同时,通过设定不同的阈值来提取稻种的面积差异,进而准确判断稻种是否发生霉变或破损。检测结果以直观的图示展现,其中,带有绿色椭圆标记的为检测出的霉变种子(见图 5-3)。这一处理系统展示出对不合格种子的高效识别能力。

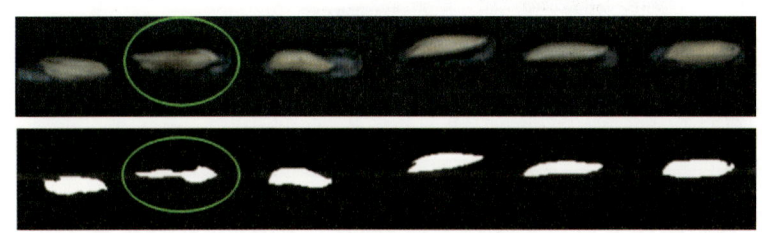

图 5-3　作物种子质量鉴定

2. 农产品分级检测及性状测量

机器视觉技术具有准确、客观、无损等优点,在农产品的品质检测和分级方面有很多研究和应用。通过提取农产品静态图像中的形态、颜色等基本特征信息,可确定农产品的品质,最后依据分级标准进行分级操作。对作物种子的形态、色泽、纹理等性状进行特征信息的提取与分析,称为考种。由于考种的工作量大而烦琐、主观性较强、测量效率低,一些研究者对不同种类的种子特性进行分析,开发了基于机器视觉技术的考种系统。其中,玉米考种系统是目前工作中常用的系统。它可以快速准确地提取玉米种子的外形轮廓,进而对果穗长度、穗行数、每行粒数、种穗饱满度等形态特征进行提取。刘长青等提出了一种基于机器视觉的玉米果穗参数图像测量方法:使用摄像头连续拍摄图像,经过图像处理,获得玉米果穗的穗长和穗宽、每一穗行的穗粒数和穗行宽度、穗行数,检测装置如图 5-4 所示。试验表明,使用该方法测量的参数准确率较高、处理时间短。该成果可应用于玉米粒的质量检测、产量预测和品质分析等场合。

3. 精密播种及播种机械质量检测

精密播种就是利用播种机控制播种时的粒距、行距和深度,可以提高粮食产量,有效利用耕地。其中,排种器的性能是影响播种机播种精度的重要因素,因此排种器的性能检测技术成为很多学者关注的热点。秦忠连基于机器视觉技术,实现了排种器性能检测中的种子粒数、行距、穴距等基本参数的自动测

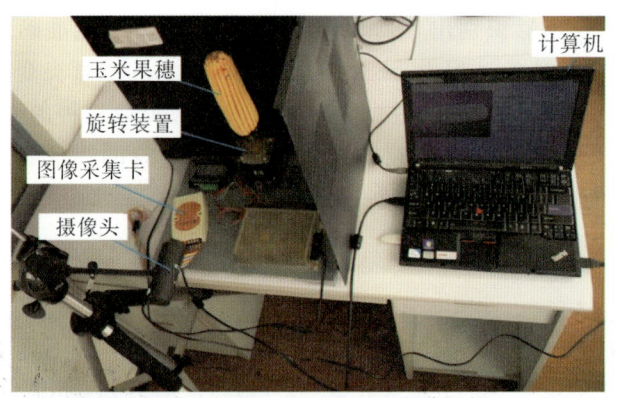

图 5-4　农产品分级检测及性状测量装置

量。该研究采用光电触发方式采集序列图像,利用图像合成算法对连续帧图像进行拼接;采用大津法自动获取阈值,对拼接图像进行阈值分割;提出基于种子面积的噪声识别、种子重叠识别和种子数量统计方法;采用纵向和横向投影的方法,获得种子在横向和纵向的分布情况,从而对于条播能够获得各统计区间上的种子粒数、断条率等参数,对于穴播和精播能够获得重播率、合格率、漏播率等参数,以此检测排种器的性能。

定向播种是在精密播种技术要求的基础上,利用作物生长的规律性,控制种粒的播种方向,让作物叶片的生长有规律,增强田间的通风效果,实现合理密植。定向播种首先要对种粒的特征进行提取。刘长青等研究出玉米种粒动态检测算法,并设计了玉米的精选和定向定位装置;通过计算玉米种子黄色区域形心点与白色区域轮廓点的距离,可以确定种粒尖端朝向;通过分析种粒区域中白色区域的大小,进行玉米种粒胚芽朝向的判断,为种粒定向包装和定向播种提供了依据。

5.3.3　畜禽行为分析

机器视觉技术在畜禽行为识别领域的应用主要集中在以下几个方面:喂食行为监测与分析、健康监测与异常行为识别、行为模式分类与实时追踪。这些应用通过高效、非侵入性的方式,极大地提升了畜禽养殖的管理水平和生产效率。

1. 喂食行为监测与分析

喂食行为监测与分析是机器视觉技术在畜禽养殖中的重要应用之一。

Bresolin 等人(2022)开发的系统利用计算机视觉技术,连续监控群养小母牛的喂食行为。该系统采用 YOLOv3 算法进行对象检测,能够精确识别每只动物的身份并记录其喂食行为参数,如访问次数、平均访问时间和喂食时间。系统的整体识别准确率达到 99.4%。这种高精度的数据记录对优化饲料配给和评估饲养策略具有重要意义,极大地提升了养殖效率和精确管理的水平。

2. 健康监测与异常行为识别

健康监测与异常行为识别是确保畜禽健康的关键。通过分析畜禽的行为和生理指标,机器视觉技术可以及早发现畜禽的健康问题。Zhu 和 Zhou(2021)的研究利用机器视觉系统在线监测鸡粪,通过颜色提取和灰度特征分析,判断鸡粪的异常情况,从而识别鸡群的早期健康问题。此外,Guo 等人(2021)开发的图像恢复技术能够修复被饲养设备遮挡的鸡群图像,确保健康监控的准确性和连续性。这些技术通过非侵入性的方法,实现了高效、精准的健康监测,显著提高了疾病预防和早期干预的效果。

3. 行为模式分类与实时追踪

行为模式分类与实时追踪是机器视觉技术的另一个重要应用领域。Chen 等人(2021)的研究利用深度学习技术,对猪和牛的多种行为模式进行了精确分类,包括攻击、饮水、采食、跛行等行为模式。该系统采用先进的图像分割和识别算法,能够在复杂的环境中准确识别和追踪个体动物的行为模式。通过这些数据,研究人员可以评估动物的健康状况、社交行为和生长情况,为养殖管理提供科学依据。这种高效的实时追踪和分析技术,为大规模养殖场的智能化管理提供了强有力的支持。

机器视觉技术在畜禽行为识别中的应用已经展示出巨大的潜力。Xu 等人(2020)利用四旋翼无人机和 Mask R-CNN 技术,对牧场的牲畜进行分类和计数,精度达到 96%。这种高效的监控方式大大提升了牧场管理的智能化水平。Lu 等人(2023)开发的三层颜色机器视觉算法,用于家禽自动化处理,解决了图像分割、特征识别和姿态估计中的常见问题,提高了处理效率和精度。Hansen 等人(2022)利用低成本的物联网设备,实时监测昆虫的环境条件和行为,为昆虫养殖提供自动化处理和早期预警信息,展示了机器视觉技术在非传统畜禽养殖中的广泛应用潜力。

机器视觉技术尽管在畜禽行为分类与识别方面取得了显著进展,但仍需克服一些挑战,如环境变化大、动物之间的遮挡等问题。通过进一步优化算法和提高系统的适应性,以及结合其他传感器技术,如穿戴设备和生物传感器,机器视觉技术将在更加复杂多变的实际养殖环境中展现出更大的应用潜力。

5.3.4 渔业智能养殖应用

渔业智能养殖信息数据化主要通过各类传感器、声呐技术、遥感技术和机器视觉技术等方法实现,其中机器视觉技术通过图像分割、特征点识别等图像分析技术可以监测鱼群行为、识别鱼体特征并将这类信息量化为具体数值。根据机器视觉技术特点,结合我国水产养殖流程,可以将渔业智能养殖中的机器视觉技术应用研究大致分为鱼类摄食行为识别与精准饲喂、鱼体参数识别与测量、鱼群病害诊断与防治三个部分。

1. 鱼类摄食行为识别与精准饲喂

在水产养殖领域,投喂量的精准控制已成为业界及学术界的重点研究项目。鱼类的摄食行为与鱼体生长、发育状况密切相关,因此,投喂策略的制定显得至关重要。若饲料投喂量不足,会对鱼类的正常生理发育造成负面影响;而过量投喂,除了导致资源的无效浪费外,还会引发水质污染、生态系统负荷增加等一系列环境问题,从而对鱼类的生存环境产生不利影响。

摄食行为是鱼类行为研究中的重要内容,对于水产养殖管理和生产利润具有重要意义。以下是常用的鱼群摄食行为量化方法。① 传统面积法:通过测量摄食区域的面积来评估鱼群摄食行为。该方法可以追踪群体活动范围和摄食效率,但无法提供更详细的行为特征信息。② 行为特征统计法:利用光流法与信息熵统计鱼群的游泳速度和转角信息,以此量化鱼群摄食行为,通过分析摄食行为的特征参数,如进食速度、离散度、群集密度等,来量化鱼群摄食行为。利用统计学方法,可以对摄食行为进行定量描述和比较,从而确定鱼群的摄食状态。③ 纹理特征法:利用图像处理技术提取鱼群图像的纹理特征,如纹理熵、灰度共生矩阵等,用于描述和区分不同的摄食行为模式。通过分析鱼群图像的纹理特征,如对比度、逆差矩等可以较准确地判断鱼群的活动状态和摄食行为。④ Delaunay 三角剖分法:该方法基于鱼群个体之间的空间关系,利用 Delaunay 三角剖分技术构建鱼群的拓扑结构,通过分析三角形的面积、边长等几何特征,可以评估鱼群的结构稳定性和摄食行为的集体性。

鱼群摄食行为量化分析能够为养殖人员提供科学投喂的依据,提高养殖利润。此外,准确评估和监测摄食行为,还可以减少因鱼群疾病和压力事件造成的严重损失,提高养殖效益,保证可持续发展。

在鱼类养殖过程中,饲料成本是主要养殖成本,如何做到合理投喂是减少养殖成本、提高养殖效益的关键。投料饲喂是水产养殖过程最重要的环节之一,投料过程的合理性会直接影响养殖效益:投料不足会影响鱼群生长速度,投料过多会污染鱼塘水质和浪费饲料。传统水产养殖过程中主要依赖人工抛洒完成饲喂,这种饲喂方式的投料时间和投料量比较容易受到从业人员的经验和习惯等因素影响,往往无法根据水体环境的变化来动态调整投喂量。鱼类的摄食欲望会随水温、溶氧量、光照等环境因子的波动而改变,导致传统投喂方式难以确保饲料的精确投放。随着机器视觉的技术发展,人们发现通过研究鱼群外观信息,不仅能判断鱼的生长状态,还能识别鱼群的摄食行为。根据机器视觉技术提取的鱼群信息开展精准饲喂工作,在提高养殖效率的同时能有效避免饲料浪费和水质污染等问题。在实际养殖中,由于养殖密度、鱼群个体差异和计算能力的限制,仅通过研究鱼类个体行为来指导投喂是相对困难的。因此,研究鱼群的整体行为对于决策投喂具有更实际的意义。在鱼群的摄食过程中,鱼塘水面的纹理、形状和颜色信息会发生相应的变化,研究鱼群摄食过程中的鱼塘水面图片特征是一种重要的方法。研究鱼群的整体摄食行为,可以量化鱼类的食欲状态,为饲料投喂提供重要依据。对鱼群整体摄食行为的特征分析,结合合适的特征选择和机器学习算法,可以开发出相对低成本、易实现的鱼类投喂方法,并提高决策模型的效果。这对于智慧农业领域的养殖人员和饲料投喂决策具有重要意义。

2. 鱼体参数识别与测量

在水产养殖领域中,鱼体参数的精准测量对于生产管理至关重要,对鱼群在各个生长阶段的参数进行持续、精确地监测是水产养殖的核心环节。体积、颜色、年龄、纵向面积及品种等不仅为养殖过程中的决策制定提供了数据支持,同时也是评估水产品质量的关键指标。然而,目前普遍采用的传统鱼体参数测量方法主要依赖于手工操作,通常会从鱼群中随机捕捞样本,通过肉眼观察结合个人经验进行初步判断,或使用简单的测量工具(如皮尺、测量仪等)来获取具体的鱼体参数。这种方式不但效率低下,耗费大量人力和时间,而且其准确性高度依赖于操作人员的经验和技能,因此结果的稳定性和可靠性常常受到质疑。更为严重的是,手工测量过程中包含的捕捞、麻醉和固定等步骤,往往需要使鱼类长时间离开其自然的养殖水环境。这种操作极易引发鱼类的生理应激反应,对其健康产生不利影响,从而违背了健康养殖的初衷。传统的鱼体参数测量方法已无法满足现代水产养殖对精准、高效、无害测量的需求。因此,探索和应用新的测量技术,尤其是结合人工智能技术的测量方法,已成为提升水产养殖效率和质量的关键所在。

机器视觉技术在鱼体参数识别与测量中具有显著的应用潜力,基于机器视觉的鱼体参数监测技术可以克服传统方法的局限性,并具有以下优势。①非接触式监测。机器视觉技术可以实现对鱼体参数的非接触式监测。通过高分辨率的摄像头捕捉鱼类的图像,利用深度学习算法,系统能够准确地识别和分割出图像中的鱼体,进而提取出关键的鱼体参数,如体积、长度、宽度等,减轻对鱼类的刺激和压力。②准确性和稳定性。人工智能算法能够对图像进行精确分析和识别,从而提供准确和稳定的鱼体参数测量结果。相较于主观判断,人工智能技术可以基于大数据分析和模式识别,帮助农户和养殖人员获得更可靠和一致的数据。例如,通过监测鱼类的游动姿态和速度,可以判断其健康状况和活力水平;通过颜色分析,可以及时发现鱼类的病变或异常。③自动化和效率提升。基于机器视觉的鱼体参数监测技术可以实现自动识别和测量,与养殖环境监控系统相结合,实现对水质、温度、光照等环境参数的实时监测和调控,这种智能化的养殖管理方式不仅提高了生产效率,还降低了人力成本,同时也有助于提升鱼类的健康水平和产品质量。

总体来看,基于机器视觉的鱼体参数监测技术在水产养殖领域具有巨大的优势,能够实现非接触式、准确稳定和高效的监测,有助于促进水产健康养殖,减少鱼类的应激反应,并提高养殖管理的科学性和效果。

3. 鱼群病害诊断与防治

水产养殖过程中需要保证鱼塘水体环境质量始终符合标准,避免发生鱼群病害情况。以人工观察和经验判断为主的传统水产养殖模式,无法连续稳定地监测鱼塘水质,并且受从业人员的主观影响较大,容易出现误判、漏判等情况。此外,人工观察存在一定的时间滞后性,无法尽早诊断出水下鱼群病害情况并采取相应措施,而调控不及时往往会造成鱼群大面积死亡,对养殖户造成巨大的财产损失。机器视觉技术在鱼群病害诊断与防治中的应用正逐渐成为水产养殖领域的一项重要技术,以下介绍机器视觉技术在鱼群病害诊断与防治中的几个具体应用方面。

① 鱼群健康监测:机器视觉技术可以对鱼群图像进行实时捕捉和分析,从而监测鱼类的健康状况。例如,利用高清摄像头捕捉鱼群的活动情况,然后通过图像处理算法对鱼体颜色、形状、游动姿态等特征进行提取和分析。这些特征的变化可能预示着鱼类健康状况的改变,从而及时发现潜在的病害。

② 病害自动识别:机器视觉技术可以训练深度学习模型用来自动识别鱼类的病害。这些模型能够学习并识别出各种鱼类病害的特征,如体色变化、异常游动行为、身体表面的异常等。一旦检测到这些特征,系统就会自动发出警报,提醒养殖人员及时采取措施。

③ 智能投药系统:机器视觉技术还可以与智能投药系统相结合,根据鱼群的健康状况和病害类型,自动调整药物的投放量和投放时间。这不仅可以提高治疗效果,还可以避免药物的浪费和对水质的污染。

④ 远程监控与诊断:结合互联网技术,机器视觉技术可以实现对鱼群的远

程监控和诊断。养殖人员无须亲临现场,就可以通过手机或电脑查看鱼群的实时状况,接收病害预警,并及时进行远程处理。

⑤ 数据记录与分析:机器视觉系统还可以记录和分析鱼群的活动数据,如游动速度、活动范围等,为养殖人员提供科学的决策依据。这些数据还可以用于预测病害的发生概率,从而提前采取防治措施。

⑥ 智能水质监测:机器视觉技术还可以用于水质监测,通过观察水体的颜色、透明度等特征,间接判断水质状况,从而及时调整养殖环境,预防病害的发生。

渔业智能养殖主要使用现代信息技术完成鱼群病害的诊断和防治工作。随着物联网技术的发展,人们对基于无线传感技术的水产养殖系统监控技术展开应用研究,并取得了成果。无线传感技术主要利用各类传感器对鱼塘水体环境的各项指标进行监测和调节,虽然通过监测鱼塘水质可以在一定程度上保证鱼群健康生长的环境,但是无法直观反映鱼群的健康状况和生长状态。机器视觉技术能准确识别鱼类的行为特征,从而实时监测鱼群的生长状态并判断病害是否发生。根据鱼群健康状态监测结果可以及时调控水产养殖系统,从而有效避免鱼群的大面积死亡。

第 6 章
大数据技术

6.1 大数据的基本概念

6.1.1 大数据的概念和特征

以互联网和物联网为基础,以大数据为核心,以人工智能技术为引擎,现代信息通信技术正加快推进农业农村信息化发展,促进农业信息化和农业现代化融合,尤其是农业大数据,它已经成为现代农业发展的要素和战略性资源,不仅促进现代农业的生产、经营、管理和服务,还耦合、催化三产融合。

欧美发达国家特别注重农业大数据在现代农业中的作用。英国政府 2013 年正式启动了"农业技术战略",提出充分利用大数据等技术,一方面实现精准种植和精细养殖,另一方面大力提升农产品的生产和消费市场的对接能力。美国提出公共部门与私人部门共同投入的模式来建设规模较大的农业数据中心,推动农业数据的使用,提高农业管理水平。法国利用已建立的农业数据库,通过互联网等信息发布渠道,定期发布信息来服务农业生产,管控农产品销售环节的市场秩序。德国将云端的天气、土壤、降水、温度、地理位置等数据及其分析处理结果发送到大型农业智能机械上,实现精准作业,发展更高水平的数字农业。

近年来,我国农业大数据的研究与应用发展较快。农业物联网区域试验工程和天空地数字农业规划促进了农业数据采集技术体系的形成,互联网＋农业的理念促进了各类农业信息平台和数字化管理系统的发展,数字技术的应用正向着产前、产中、产后的整个农业生产过程延伸。

农业大数据在概念和内涵上与原来的农业数据有很大的区别,从近年来的实践来看,农业大数据是农业领域全要素、全时、全域、全样本的数据集合,并应用大数据理念、技术和方法来处理这些数据集合。农业大数据除了一般大数据具备的数据量大、处理速度快、数据类型多、价值大的特征之外,还包含农业领域所独有的特征：一是数据涉及领域广。纵向看包括种植业、畜牧业、渔业的全产业链数据，横向看涉及生产、经营、管理、服务数据。二是数据跨越周期长。农业生产周期一般以年为单位，同一个数据类型在不同年份也有变化。例如，冬小麦生长的积温和水盐动态差异较大，直接影响其关键时期小麦的生长发育。三是数据采集难度大。农业受自然因素影响较大，而且数据采集又涉及生物、环境、经济、社会等方面，数据采集难度大，有的数据指标采集尚没有合适的传感器。四是数据处理较为繁杂。农业生产是一个开放的复杂巨系统，数据维度众多，数据处理困难。

6.1.2　大数据技术的内容和特征

在农业大数据系统架构方面，孟祥宝按照顶层设计原则，从服务、管理、应用、资源和技术共 5 个方面提出了一种农业大数据应用架构体系。其中：技术和资源是基础，应用是最直接的产出物，管理和服务是保障。总体来看，大数据技术需要从品种(水稻、小麦、棉花、玉米等)、地域(地块尺度、区域尺度、全国尺度)、产业链(生产、流通、消费)3 个维度形成农业大数据治理体系，以及构建基于农业本体和农业模型的数据挖掘应用技术体系。

(1)农业大数据清洗技术：指将脏数据转化成满足质量要求的数据的技术，采用的方法主要包括一般的数理统计、基于规则的数据清洗等。尚未发现针对农业问题而构建完备数据集的专门清洗方法。

(2)农业大数据尺度转换技术：点源数据的尺度转换技术比较成熟，一般采用时空插值方法来转换，最常见的转换方法为 Kriging 方法及其扩展方法，也有学者针对特定问题建立专门的时空协方差函数模型来进行时空插值分析。

(3)多源农业大数据融合技术：在语法层面，数据融合技术较为成熟，该技术包括数据格式转换技术、基于元数据的数据集成技术、数据互操作技术等；在语义层面，数据融合技术急需攻关，采用领域本体来开展这方面的技术攻关是最常见的思路。

(4)农业大数据存储和管理：农业大数据常采用一般大数据的存储和管理技术，例如 HDFS 分布式文件系统、NoSQL 数据库、云数据库等。区块链技术为农业大数据的存储和分布式管理提供了新的可行思路，围绕去中心化的数据存储和管理还产生了一些新的共享经济模式。

(5)农业大数据关联分析与预测技术：经典关联分析算法(如 Apriori 算法)已经被多位农业学者使用。然而，针对农业数据的时空特征，目前仍缺乏专门针对这一领域的关联分析与预测技术。农业数据降维和升维技术，以及不同维度相关性分析技术依然是当前急需突破的技术。

（6）农业大数据时空可视化技术：有关静态时空可视化技术和方法的研究比较多，相对比较成熟，目前常用的时空可视化方法有时间符号法、对比地图法、运动线法、时间统计图法等。动态时空可视化方法在农业中也有应用，如时间墙模型和主题河流模型等。

6.2 大数据的关键技术

6.2.1 大数据采集

农业数据采集是获取农业大数据的第一步，直接决定了后续数据处理和分析的质量和效果。目前，常见的农业大数据采集技术主要有物联网技术、抽样调查技术、网络抓取技术、API 调用技术、3S 技术，具体说明如下。

1. 物联网技术

物联网技术是指通过一系列传感器感知农作物的生长环境、生长状态和病害等信息，具有实时性强、范围大、自动化程度高、全天候运作等特点，是最近兴起的热门技术。物联网技术在农业方面应用广泛，常见的传感器有：①气象环境传感器，负责采集大气温度、大气湿度、光照强度、风速、风向、二氧化碳含量、空气质量等；②土壤墒情传感器，负责采集多剖面土壤温度、土壤湿度；③声音视觉传感器，负责采集声音、图像、视频；④气味传感器，负责采集果实气味，例如朱霞团队利用气味传感器区分橙子和柠檬，结合气味和果实颜色采摘水果；⑤农作物生理生态传感器，负责采集叶面温度、茎流速度、果实膨大情况，包括接触式、非接触式和模型估计等类型；⑥水质光学传感器，负责采集溶解氧浓度、pH 值、电导率、浊度、水温；⑦虫情监测传感器，负责采集监测位置、虫害数量；⑧植物营养传感器，负责监测农作物氮元素含量，分为被动型光源检测、主动型光源检测和激光雷达检测等类型。

目前在农业领域，传感器的应用已十分普及，涵盖了气象环境、土壤墒情以及声音视觉等多个方面。许多地区已经安装了物联网设备，并长期采集数据。随着近年来对农作物表型的需求不断增加，传感器在收集农作物生理生态、水质光学、营养等信息方面的能力也在增强。随着图像识别和深度学习技术的不断发展，监测虫情、病害的物联网设备也开始启动，并有一些设备已经量产和开始示范应用。然而，在国内，目前尚缺乏较为成熟的采集农作物气味的传感器。这类传感器大多仍处于实验室阶段，整体效果落后于发达国家，但随着物联网技术的飞速发展和行业需求的刺激，传感器的整体效果会很快得到改善。

2. 抽样调查技术

抽样调查是一种通过部分样本推测全部调研对象信息的调查方法,是获取农业数据的常用方法,可以减少调查工作量,节省成本和时间。这一技术一般应用于农业经济学方面。传统抽样调查多采用纸质形式填报,导致后期数据整理及统计工作量庞大。随着互联网技术的兴起,问卷星、腾讯问卷、调研家等工具陆续出现,可借助手机和平板电脑(Pad)等移动终端完成调查,调查方式低碳环保且自带数据统计功能,能节省大量时间。也有学者自主研发数据采集系统,例如中国农业科学院农业信息研究所的许世卫团队开发了"农信采",用以采集农产品市场信息;中国农业科学院农业信息研究所的周清波团队研制了"农业农村信息快速调查及分析平台",通过裂变形式广泛快速收集全国各地的农业农村信息,比如农村居民乳制品消费、大豆玉米带状复合种植、农民建房负担、奶山羊养殖、疫情对农村的影响等方面的数据。自行研制的数据采集平台可根据实际需求定制,且数据采集、管理、分析等一体化程度高,同时有利于保障数据安全。

3. 网络抓取技术

网络抓取是指利用设定好一定规则的程序或者脚本从互联网上获取特定数据的过程,提前制定的规则通常被称为网络爬虫或者蜘蛛算法,其过程为:访问一个或某几个 URL(统一资源标识符),将该网页中新出现的 URL 放入队列中,同时分析网页中的内容,抽取满足要求的部分,结束后分析下一个 URL,如此往复,直到满足特定要求为止。此类技术可快速从海量数据中挑选目标数据,达到自动过滤信息、收集大量符合主题要求的数据。随着互联网设备的普及,近几年网络抓取技术在农业类数据采集中备受欢迎。利用此类技术采集的常见农业数据包括气象信息、市场价格、农业新闻、政策信息、土壤质量、害虫防治、农产品供需等,其抓取的数据一般具备实时性强、覆盖面广、数据量大、类型多样、更新频率高等特点。

4. API 调用技术

API 指应用程序编程接口,API 调用技术是 API 的一种使用方式,即可从一个应用程序请求另一个应用程序提供特定功能或数据的技术,此技术实现了不同系统之间的集成,并且能够以更高效的方式共享信息和资源。API 调用技术在软件开发、数据交换和系统集成等领域中被广泛应用。在农业应用中,数据拥有方能够通过接口形式对外提供免费或收费服务,例如"天气 API""和风天气"提供天气数据,"中国土壤科学数据库"实现土壤水分方面数据的共享,"高德地图""腾讯地图"提供地图浏览和导航。此种数据共享方式可为农业数据采集提供便利渠道,具有数据标准化程度高、自动化程度高、开发效率高等特点。

5. 3S 技术

3S 技术是 GIS(地理信息系统)、RS(遥感技术)和 GPS(全球定位系统)的统称。GIS 是在计算机软件、硬件支持下,对整个或部分地球表层(包括大气层)空间中的有关地理分布数据进行采集、储存、管理、运算、分析、显示和描述的技术系统。RS 的广义定义是指无接触的远距离的探测,狭义定义是指利用探测仪器从远处把目标对象发射或反射的电磁波记录下来,通过分析进而揭示物体特征及其变化的综合性探测技术。GPS 是以确定空间位置为目标而构成的相互关联的一个集合体或装置,也可简单理解为确定地理位置的方法。此三种技术联系紧密,通常协同发挥作用,在农业中应用十分广泛,涉及土地利用类型、作物生长信息(生长状况、种植面积、种植品种)、土壤信息(表面温度、土壤含水量和水分变化趋势)、病虫害监测(发生范围和危害面积)、农业设备操作(耕作路径和面积)等。例如:中国科学院地理科学与资源研究所利用 3S 技术收集了大量土壤、空气质量、植被指数、地形地貌等数据,建立了资源环境科学与数据平台;中国农业科学院智慧农业团队利用遥感技术采集农作物耕地信息并发布了全球 2010 年高精度耕地分布制图数据;美国马里兰大学利用 3S 技术打造了全球农业监测系统,集中研究农情业务及数据处理技术,并已对外提供技术服务;俄罗斯科学院利用 GIS 和遥感技术建立了全国农业监测系统,用以了解土地利用现状、农作物轮作模式以及作物生长情况。

3S 的核心是空间位置,位置采集依靠定位系统,全球排名靠前的定位系统有四个,分别是美国的 GPS、欧盟的 Galileo、中国的北斗卫星导航系统和俄罗斯的 GLONASS。经过分析,作者认为采集地理数据的装备和技术可分为如下几类:① GPS 装备,指通过手持或者固定设备采集位置信息,国际知名厂商有Trimble,国内相关大型公司有合众思壮、北斗星通和华测导航;② 遥感影像,通过光谱信息监测农作物播种面积、长势、病虫害,还能够预估产量、调查土地质量、估测农作物养分,被唐华俊院士比喻为农业生产的"千里眼";③ 无人机采集,也被称为低空遥感,这是近几年比较火热的技术之一,搭载相机或光谱传感器的无人机可快速采集农作物相关信息,并且能够获取山区、悬崖等不易涉足之地的农作物相关信息,可以很好地弥补卫星遥感重访周期长、应急不及时、云层遮挡等问题;④ 物联网设备,该设备上可选配 GPS 传感器,用以获取特定专题数据下的位置信息,使业务数据具有空间位置;⑤ 互联网地图服务,指互联网地图类公司结合手机定位功能获取地理位置,常见的为百度、腾讯和阿里等地图应用软件,在农业生产过程中,有不少研究者根据其提供的地图接口自行研发包含位置数据的采集软件,例如农信采、蜂群转运路障通、调研记等。

6.2.2 大数据存储

　　大数据存储指将海量数据安全地存储在物理或虚拟设备上的过程,包括选择适当的存储介质、建立存储架构以及实施数据备份和恢复策略等。按照数据存储系统的体系架构分类,大数据存储可分为三种形式:集中式存储、网络存储、分布式文件存储。集中式存储形式是指将海量数据全部存放在中心服务器上,数据处理也在此服务器上,通过直接操作数据的方式实现维护,整体架构如图 6-1(a)所示。此形式结构简单,使用门槛和成本低,但系统扩展性弱,操作和存储等工作全部集中在中央服务器,对其性能要求较高,容易因资源不够造成系统宕机,进而影响数据访问。网络存储形式是指数据存储和数据处理分属两个不同的服务器,二者通过网络进行通信,整体架构如图 6-1(b)所示。此形式有利于保障数据安全,便于远程管理和共享,但对网络带宽要求较高。分布式文件存储形式是指将数据处理系统部署在由多台设备构建的大规模集群上,将数据存储在多个服务器节点上,允许中央服务器对各个节点上的数据进行分布式访问和处理,当前的主流应用大多使用此形式,整体架构如图 6-1(c)所示。此形式具有较高的容错性和可靠性,分散管理方式有利于减小数据丢失的风险,当某服务器上的数据损坏,其他节点上备份的数据可将其恢复,同时可支持超大文件,但所需的成本较高,网络资源消耗大。

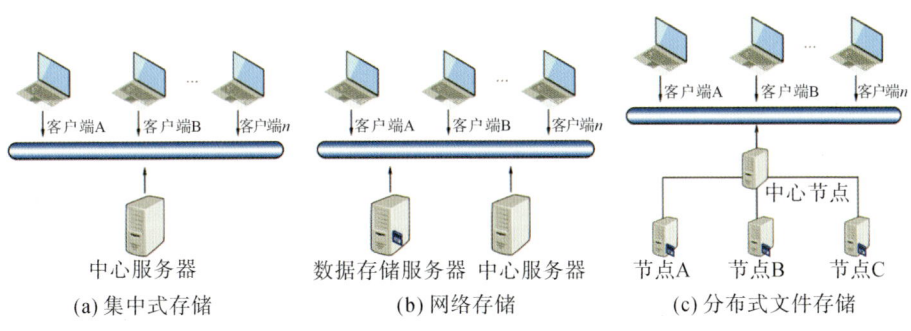

图 6-1　数据存储体系架构

　　如果按数据的组织形式,可将存储系统分为分布式文件系统和分布式数据库系统,前者存储文件形式的数据,后者存储结构化或非结构化的数据。下面分别介绍分布式文件系统和分布式结构化存储系统。
　　(1)分布式文件系统。
　　在大数据的实际农业应用场景中,以文件形式保存的数据较多,尤其是日志数据、遥感影像以及病虫害图片。为了应对日更新达 GB 或者 TB 级别的农业数据,通常采用 HDFS 存储数据。HDFS 是 Hadoop 分布式文件系统,是阿帕奇(Apache)软件 Hadoop 生态系统的重要构成部分,其核心原理是将文件划分成等大的数据块,通过多个副本的方式存储到不同节点上,适合部署在廉价的服务器上。HDFS 通过流式数据访问,可提供高吞吐量应用程序数据访问功能,具备较高的容错性、可靠性和扩展性等特点,但不适合低延时的数据访问,无法高效地存储大量小文件。HDFS 是一个主从式体系结构,集群中有一个元数据节点(NameNode,名字节点)和一些数据节点(DataNode)。前者负责管理文件的元数据,包括目录结构和数据块在集群中的位置,完成指令下达任务,协调客户端和 DataNode 之间的数据读取和写入操作;后者存储实际数据,执行前者下达的指令,例如数据块的读写操作,并定期向 NameNode 报告其存储数据块的列表。HDFS 整体架构如图 6-2 所示。

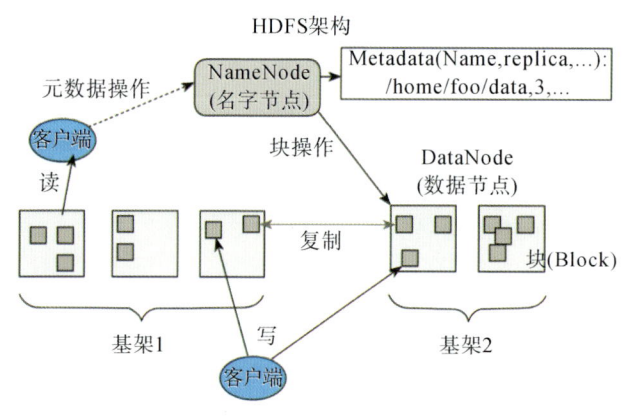

图 6-2　HDFS 架构图

　(2)分布式结构化存储系统。

　　这类较为广泛应用的存储系统为 HBase,是一个开源的、面向列的分布式数据库系统,属于 Apache 软件 Hadoop 项目的子项目,构建在 Hadoop 文件系统之上,为大规模存储结构化或非结构化数据提供高可靠性、高性能的解决方案,支持对这些数据的实时读写操作,同时也支持在廉价的服务器上搭建大规模集群。HBase 数据模型包括逻辑数据模型和物理数据模型,其中逻辑数据模型是用户从数据库所看到的模型,它直接与 HBase 数据建模相关,可认为是一个多维稀疏的排序映射表(sparse sorted map),表中每一行有一个唯一的行键(row key)标识,每一行包含多个列族(column family),而每个列族则可包含多个列,列族和列用于组织数据,如表 6-1 所示。物理数据模型是面向计算机物理表示的模型,描述了数据在物理存储介质上的位置,称为"区域"(region)。每个区域都包含一段连续的行范围,并负责存储该范围内的所有数据。当数据量增长时,HBase 会自动进行水平扩展,将数据分割成更小的区域并在多个节点上进行分布式存储。HBase 具有以下特点:

① 分布式存储和处理。HBase 能够水平扩展,支持 PB 级别的数据存储和处理,符合大规模数据的存储和查询需求。

② 实时读写。HBase 支持对数据的实时读写操作,适用于需要快速响应的应用场景,如实时分析和在线交易处理。

③ 高可靠性和高可用性。HBase 通过数据的多副本存储和自动故障恢复机制,可保证数据的可靠性和可用性。

④ 有灵活的数据模型。列存储结构和灵活的数据模型使得 HBase 能够存储各种类型的数据,并支持动态列族。

表 6-1　表和列族

行键	时间戳	列族	
		URI	PARSER(解析器)
r₁	t₁	url=https://www.caas.cn/	title=中国农业科学院官网
	t₂	host=caas.cn	
	t₃		
r₂	t₄	url=https://www.caas.cn/xwzx/index.htm	content=新闻中心
	t₅	host=caas.cn	

6.2.3　大数据计算

大数据计算指处理和分析大规模数据集的过程,通常涉及海量、多样化、高速度的数据。以下是一些常见的大数据计算技术及其简要介绍。

(1) MapReduce　这是 Google 公司于 2004 年提出的一种编程模型,用于处理和生成大规模数据集的分布式计算。其核心思想是分而治之,即将大规模数据集拆分成若干个较小的具有同样计算过程的数据块,数据块由分布在不同位置的计算机并行处理,并最终将结果合并。其运行机制包括四个步骤:① Input 阶段,大文件会被分割成多个小的输入切片,需根据输入文件计算输入切片(input split),每个输入切片对应一个 Map 任务,由一个或多个逻辑块组成,是一个包含切片长度和记录数据位置的数组,这些输入切片是 Map 阶段的基本处理单元;② Map阶段,并行处理各个计算节点上的输入切片,生成中间键值对;③ Combiner 阶段,是一种可选的优化步骤,它在 Map 任务的本地输出结果上执行一次聚合操作,从而减少输出到 Shuffle 阶段的数据量,减轻网络传输负载,提高整体性能;④ Shuffle 阶段:将中间结果按照键值进行排序,并将具有相同键值的结果合并在一起;⑤ Reduce 阶段:将相同键值传递给一个 Reduce 任务,进行汇总、聚合等操作。

MapReduce 具备高层次抽象的能力,让用户只需关注实现 Map 函数和 Reduce 函数,简单易用。其适用的场景包括:① 大规模数据处理,适用于需要处理海量数据且具有分布式特性的场景,如日志分析、搜索引擎索引构建等;② 数据清洗与转换,执行数据清洗、格式转换等数据预处理操作;③ 分布式计算,用于实现分布式计算框架,如 Hadoop 中的基础计算模型。

(2) Kafka 最初由 LinkedIn 于 2011 年开发,次年成为 Apache 软件基金会的顶级项目,是一个开源的分布式流处理平台,用于实时数据传输和数据处理,尤其是日志数据和消息发布,其提供了一种可靠的、持久性的消息传递系统,目前已成为流处理领域的领先解决方案之一。Kafka 的基本原理是生产者将消息发布到主题中,每个主题被分为多个分区,消息按顺序追加到对应分区的日志文件中;消费者订阅主题,并从分区拉取消息进行处理,每条消息都有唯一偏移量,用于标识已读取的位置,Kafka 通过副本机制确保数据的持久性和可靠性,实现了高效的消息传递系统。Kafka 具有很高的吞吐量,每秒可以处理成千上万条消息;它还具备持久性,即消息存储在磁盘上,确保消息不会丢失,并允许消费者按照自己的速率读取这些消息。

(3)Spark 最初由加利福尼亚大学伯克利分校 AMP 实验室开发,是开源的类 Hadoop MapReduce 模型的通用并行框架,拥有 Hadoop MapReduce 的所有优点,其处理数据的中间结果可保存在计算机内存中,从而实现快速查询,执行任务的速度比基于磁盘的系统更快,在数据处理、机器学习和图形计算等方面具有较大优势。Spark 提出了一种弹性分布式数据集(resilient distributed datasets,RDD)的概念,这是一种分布式内存数据抽象,可以让开发者基于内存运算,并具有一定的容错能力。Spark 处理数据的总体思想是将 HDFS 中文件的每个数据块读取为 RDD 的一个分区,每个分区启动一个计算任务,通过在多个节点上并行执行计算任务,从而实现高性能和可伸缩性能。Spark 具有数据处理速度快、系统易用性强、支持语言种类多、扩展性强、容错性高等优点。

6.2.4 大数据挖掘

大数据挖掘指从大规模数据集中发现有用信息和关系的过程,可以帮助组织和企业提取出隐藏在海量数据中的模式、趋势和见解,为决策制定和业务发展提供支持。大数据挖掘是一种将传统数据分析方法与处理大量数据的复杂算法相融合的新兴技术,其分析过程包括确定任务目标、提取目标数据集、数据预处理、建立挖掘模型、模型的解释与评估、知识应用等,主要功能包括:① 关联分析,从大量数据中探索出强关联特征的模式;② 聚类分析,描述数据中紧密相关的观测值群组;③ 预测建模,通过设计变量函数的方式为目标变量建立模型。

目前,主流的数据挖掘算法包括决策树、神经网络、统计学习、聚类分析、关联规则,相关说明如下。

决策树:这是一种基于树状结构的机器学习模型,属于一种监督学习方法,其从一系列有特征、有标签的数据中总结出决策规则,并用树状图的结构来呈现这些规则,常用于农作物病害识别、土壤健康评估以及农作物生长预测。

神经网络:这是一种通过模仿人脑神经元之间的相互连接方式而构建的计算系统,由多个神经元(节点)层组成,层与层之间具有连接权重,数据通过网络进行传递,每个神经元计算其输入并将输出传递给下一层,从而实现复杂的模式识别和学习,常用于学习复杂的非线性关系和模式,例如基于农业对象的图像识别。

统计学习:它可以利用统计学原理对错综复杂的数据进行分析,旨在模拟和发现数据背后的模式和规律。例如,回归分析、相关分析、差异分析等,在农业风险评估中应用较多。

聚类分析:这是一种无监督学习技术,它可以按照相似性将数据归纳为若干类别,同一类别中的数据彼此相似,不同类别中的数据则存在差异。这种方法有助于建立宏观概念、揭示数据的分布模式,以及探寻可能存在的数据属性之间的相互关系。

关联规则:它是指两个或更多变量之间存在的某种规律性,数据关联是数据库中重要且可发现的一类知识。关联分析旨在揭示数据库中隐藏的关联网络,通常使用支持度和置信度阈值衡量关联规则的相关性,并不断引入兴趣度、相关性等参数,从而使挖掘到的规则更符合需求。这种方法可应用于农业市场营销、农产品推荐等方面。

6.2.5 大数据可视化

大数据可视化的本质是指运用计算机图形学和图像处理技术,将数据转换成图形或图像,并通过显示设备展示或与人交互。传统的农业数据可视化方法通常基于表格、统计图(折线图、柱状图、散点图、饼状图)等简单的图形化展示方式,很难呈现深层次的细节或者数据关联关系,为了洞察背后的信息,需要一些更富有展现力的可视化技术。基于此,本小节以农业数据为例,介绍 2D 显示技术、3D 模拟技术、虚拟现实技术和数字沙盘技术。

（1）2D 显示技术。

2D 显示技术的常见应用如下：①标签云，通过标签数量和大小说明相关内容和重要程度，例如图 6-3（a）所示为关于农业种植信息化问卷调查得到的需求，字体越大说明迫切性越强烈。②树状图，通过父子层级结构表示组织关系，例如图 6-3（b）展示了主要粮食作物及品种。③网络图，通过节点和边表示对象及其之间的相互关系，例如图 6-3（c）所示为通过社会关系对外传播某条农业信息的结果，圆圈代表传播者，圆圈直径和此人对外传播的数量成正比。④地图形式，在地图上呈现农业对象位置或者统计后的数据，例如图 6-3（d）展示了某个村庄的宅基地分布情况。⑤流向图，通过箭头、线段和节点等元素来表示不同步骤之间的关系，帮助理解数据或信息的流向和过程，常用在动物迁徙、害虫迁飞等方面。⑥雷达图，常用于比较一个对象的多种属性或者多个对象的某些属性，如图 6-3（e）所示。

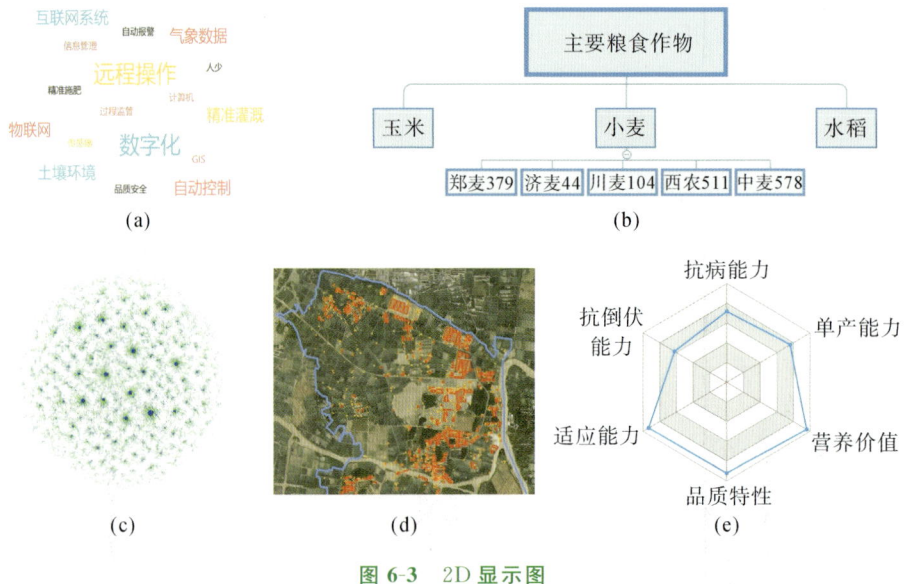

图 6-3　2D 显示图

（2）3D 模拟技术。

3D 模拟技术是指利用计算机创建或展示虚拟物体或场景，以实现逼真和立体效果的技术。它在农业应用中具有如下场景：① 园区规划和设计，通过 3D 模拟技术虚拟出即将建设的建筑物、农作区、沟渠、大棚、道路、绿化带、护栏等，直观地呈现各个对象的空间位置和分布范围，有利于缩短后期的施工时间和节省成本，如图 6-4 所示；② 气象预测和农业管理，结合 3D 模拟技术和气象数据，可以较为精准地预测气象走势（如台风登陆及后续风力波及区域），有助于农业生产计划安排和管理；③ 农作物生长模拟，结合农作物相关历史数据及未来资源配置，模拟农作物的逐日生长过程，帮助种植者做出科学种植决策；④ 水资源管理，模拟地下水资源变化或洪水淹没过程，助力精准灌溉和灾害防控；⑤ 数字乡村建设，按照 1∶1 的比例虚拟出整个乡村中的各个地理对象，并关联其属性数据，通过"一张图"掌控乡村各项资源，图 6-5 所示为德清县五四村的三维场景。

图 6-4　某农业园区三维模拟图

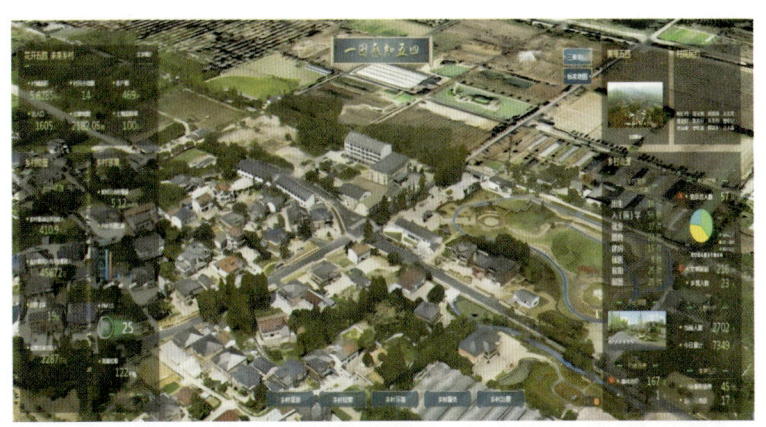

图 6-5　德清县五四村的三维场景

（3）虚拟现实技术。

虚拟现实技术（virtual reality，VR）是一种通过计算机技术模拟仿真环境的技术，可以让用户穿戴头戴式显示器或者手套等设备与该虚拟环境进行互动。其与 3D 模拟技术有什么区别呢？3D 模拟技术侧重于创造高度逼真的三维图像和场景，虚拟现实技术除此之外还可以提供交互式的沉浸式体验。在农业方面，虚拟现实技术主要用于农业知识科普，我国教育部在 2018 年发布了《关于开展国家虚拟仿真实验教学项目建设工作的通知》,很多农业类院校开设了基于三维虚拟现实的仿真课程,例如模拟水稻种植培训系统、机械化农业生产教学系统(见图6-6)、奶牛养殖模拟系统,帮助农民或农业类学生了解农事作业过程或者学习专业技能,促进知识传播。

图6-6　机械化农业生产教学系统

(4)数字沙盘技术。

这是一种结合投影技术、交互技术和实时计算技术的可视化技术,用于在沙盘表面或类似表面上展示虚拟地图、地形、农业园区规划等信息,并通过用户的手势或控制设备进行交互操作。数字沙盘可以实时显示数据变化、模拟场景,并呈现多维度的信息。图6-7所示为山东省农业科学院的智慧农业数字沙

图6-7　山东省农业科学院的智慧农业数字沙盘

盘,其呈现了园区各个功能区的分布以及传感器设备、灌溉装备、农业拖拉机、监控摄像头、气象监测站等的位置,同时还可以说明"天空地"协同工作过程,有利于农业生产过程和资源利用的优化。

6.3 大数据技术的农业应用

6.3.1 大数据在精准农业中的应用

精准农业是一种全面涵盖从农业生产至销售全流程的精细化管理模式,其依据农作物的具体时空信息,实施定位、定量、定时的管理决策,并指导机器作业,旨在将资源最优化,并获得最大收益。实现精细化管理和科学决策,离不开大数据的支持,数据是农业生产的基本要素。大数据技术可应用在精准农业的如下方面:① 数据采集和监测,利用大数据技术可以实时采集并收集土壤、气象、作物生长等数据,帮助农业生产者及时了解农田状态;② 生产方案和供需平衡,通过大数据分析技术,可对农业数据进行处理和分析,提供农作物生长预测、病虫害防治等决策支持,还有助于精准预测农业整体走向、未来环境趋势,从宏观上精准掌握农产品的生产和需求,避免产量过剩或者供不应求的情况;③ 精准施肥和灌溉,利用大数据技术,结合土壤养分、水分需求等数据,可实现精确施肥和灌溉,降低资源浪费,提高作物产量和质量;④ 智能农机作业,基于大数据分析结果,可指导农机根据每个农作物的个性化资源需求进行变量式作业,实现精准播种、除草、喷洒农药等,提高农业生产效率;⑤ 价格预测和精准营销,利用大数据技术分析历史数据和市场趋势,预测农产品的价格波动,帮助农民做出更明智的销售决策。此外,还可以基于消费者偏好和需求数据,精准推送农产品信息,提高农产品营销精准度和效率。

以下是几个相关的农业应用案例:"智慧农作管理云平台"由南京农业大学研发,其可以收集大田及空气中的土壤温度、湿度、肥力等信息,还能实时感知作物长势,并根据这些数据快速为每个地块开出精确处方,实现种、肥、水、药、收的全流程数字化管理,同时还拥有集信息采集、处方生成、自动控制和变量实施等功能于一体、农机-农艺-农信高度融合的农田管理智能装备。中国农产品监测预警系统(China agricultural monitoring and early-warning system,CAMES),由中国农业科学院农业信息研究所研发,该系统整合了粮食、油料、糖料等监测预警模型,不仅能全天候地监测并分析农产品信息,还具备在宏观经济、农业政策、气候状况、科技创新以及国际市场行情等变化因素下的分析能力,这一系统可长期预测市场上的 953 种中国农产品的交易走势,为相关决策提供关键支持,属于大数据技术在精准农业市场方面的应用案例。"农保姆"是农业农村部公布的 33 个农业农村大数据实践案例之一,由国家农业信息化工程技术研究中心研制,可提供标准化种植、价格指数和供求信息,已为全国 3 万余名标准化社员提供移动化、精准化的标准化种植全流程服务。

6.3.2 大数据在遥感监测中的应用

当前,遥感技术已成为农业获取地表信息的重要手段之一。随着近些年全球各类遥感卫星的不断升空,全球卫星数量已超过千颗。随着人类对遥感影像的高空间分辨率、高光谱分辨率、高时间分辨率等"三高"新特征的追求,遥感影像数据呈现指数级增长,并且数据类型日益多元化,具有明显的"大数据"特征。大数据技术可以为遥感监测提供更丰富的数据来源和更高效的数据处理方法,例如分布式存储、基于深度学习的信息提取、基于知识关联的变化检测,从而提升遥感监测的应用效果和效率。根据农业大数据特点和农业遥感监测的目标,大数据在遥感监测中的应用可粗略分为农作物生长监测、土壤水分监测、病虫害监测预警、精准农业管理和土地利用规划五个方面。

1. 农作物生长监测

为什么要监测农作物生长?因为其对于有效管理农业生产、提高生产效率和质量、减少资源浪费、应对灾害等方面都具有重要意义。常规实现途径为:利用卫星遥感、无人机或者手持设备采集农作物不同时期的影像数据,通过植被指数、变化检测、监督分类、深度学习等方法提取目标信息,完成农作物覆盖面积、出苗率、生长周期、生长速率、产量估算等方面的监测。利用遥感大数据监测农作物长势,具有可操作性强、实施成本低、所需时间短、准确性高等特点。

2. 土壤水分监测

土壤水分指的是单位体积土壤中的水分含量,其通过改变土壤热容量,控制植被蒸腾作用,进而影响农作物的生长状况。获取此项指标对于农田旱涝灾害预警、农作物长势与估产分析具有重要的实际应用价值。土壤中的水分对微波辐射有很强的吸收作用,故可利用微波遥感测量土壤水分,其通过建立特定的土壤水分指数,反演出土壤中的水分。目前国内已形成了多源微波遥感融合的土壤水分产品,例如:中国科学院生态环境研究中心傅伯杰院士团队研发的RSSSM(remote sensing-based surface soil moisture,基于遥感技术的表层土壤水分)产品,此数据集包含了 11 种微波遥感土壤水分数据;清华大学卢麾教授团队研制了 NNSM(neural network soil moisture,神经网络土壤水分)产品,形成了一套精度高、稳定性高、时序拓展性强的土壤水分数据,其覆盖了 2002 年至 2019 年日尺度分辨率为 36 km 的全球土壤水分数据;中国农业科学院农业资源与农业区划研究所毛克彪研究员团队研发获取的中国区域土壤水分数据集,包含 2002 年至 2018 年中国陆地土壤水分数据,时间分辨率为月,空间分辨率为 0.05°,空间分辨率非常高。

3. 病虫害监测预警

病虫害监测预警是指在病虫害发生之前或者早期,凭借经验和各种技术方法,监测周围环境变化、农作物生长发育状况、病虫害发生特征等,识别可能产生的病虫害疫情并发出预警,提醒农业生产者尽早采取防治措施,减少或避免病虫害对农作物产量和质量造成的损失。大数据和遥感技术能够实时远程监测并收集病虫害相关数据,是病虫害监测预警方面的关键技术。目前,国内已有不少团队开展了相关研究及应用,例如:全国农业技术推广服务中心刘万才团队建成和应用了全国农作物重大病虫害数字化监测预警系统,实现了对性诱剂敏感害虫以及对马铃薯晚疫病、小麦赤霉病的远程实时监测,达到了农作物病虫害测报信息采集规范化、报送网络化、处理自动化、预报展示可视化的效果;广西壮族自治区气象科学研究所与广西科学院广西红树林研究中心基于高分一号(GF1)卫星数据,利用多个植被指数,构建了红树林病虫害识别决策树模型,实现了红树林病虫害远程监测;甘肃祁连山国家级自然保护区管护中心利用多源遥感数据,基于敏感波段组合运算,构建了适合青海云杉的健康状况监测模型,提高了林业有害生物监测预报工作的时效性、准确性,为病虫害防治提供了技术手段。

4. 精准农业管理

遥感技术可快速、大范围监测大田场景下的农作物长势、土地利用类型和环境变化,为精准农业管理提供数据支撑,利用大数据技术对遥感数据进行深入挖掘和分析,可帮助种植者提供精准的决策支持。目前,遥感技术在精准农业中的应用较为广泛:中国农业科学院农业资源与农业区划研究所吴文斌团队利用遥感技术进行大田场景下的农作物分类、耕地利用格局时空变化分析、农作物估产、农情监测与预报,并在全国多地开展了基于天空地大数据驱动的智慧农业应用示范,满足精细化农业多方面的技术需求;中国科学院空天信息创新研究院蒙继华团队建成了"面向精准农业的农田信息遥感获取系统",其以卫星遥感数据为主要数据源,提供遥感数据预处理、长势监测、单产预测、土壤养分监测、播种期与成熟期预测等系列功能,可在作物生育期内连续提供定量化的农田空间差异信息,为农田播种、施肥、收割等生产管理活动的优化提供支撑。

5. 土地利用规划

遥感技术可提供全面、高分辨率的土地信息,大数据技术能够快速处理海量数据,二者在土地利用状况实时监测、多源数据融合、规划精度、预测优化以及决策支持等方面发挥关键作用,可以确保规划的科学性、高效性和可操作性。郭航等通过分析典型设施农业在遥感影像上的光谱、纹理、形状等特征,建立了设施农业遥感识别的解译标志,采用人工交互式信息提取技术,实现了对北京市域范围内设施农业面积及空间分布信息的提取;吴文斌团队利用遥感技术和非遥感数据,获得了全球或国家尺度的农作物种植结构;国家地球系统科学数据中心公布了分辨率为 30m 的全国土地利用状况数据集;2007 年,我国全面开启了第二次全国土地调查,调查的主要任务包括农村土地调查、城镇土地调查、基本农田调查,要求建立土地利用状况数据库和地籍信息系统,并首次利用遥感技术开展土地资源调查;2017 年,国务院统一部署开展了第三次全国国土调查,并全面采用优于 1m 分辨率的卫星遥感影像制作调查底图,汇集了 2.95 亿个调查图斑数据,全面探明了全国土地利用状况。可见,大数据和遥感技术在土地利用规划方面具有重要意义。

6.3.3 大数据在农业农村综合服务中的应用

大数据技术在农业农村综合服务中有以下应用:① 农业生产优化管理,利用大数据分析农业生产过程中的气象、土壤、作物生长等数据,提供精准的农业生产管理建议,例如种植、灌溉、施肥等方面的优化;② 农产品供应链管理,通过大数据技术实现对农产品供应链的全程监控和管理,包括种植、采摘、运输、存储等环节,提高供应链的效率和可追溯性;③ 农业风险评估与预警,利用大数据分析农业灾害、病虫害等风险因素,提前进行风险评估和预警,帮助农民采取相应的防范措施,减少损失;④ 农村金融服务,通过大数据分析农户的生产经营数据,为其提供个性化的金融服务,包括贷款、保险等,促进农村经济的发展;⑤ 农村信息服务,利用大数据技术构建农村信息平台,提供农业政策、市场信息、农业技术等方面的服务,帮助农民及时获取信息,提高决策水平;⑥ 精准扶贫与农民培训,通过大数据分析农村贫困人口的生产生活状况,实施精准扶贫政策,并提供有针对性的培训和技术支持,帮助其脱贫致富。

6.4 国内农业领域相关数据资源分布

表 6-2 汇总了国内农业大数据及相关领域科学数据的部分依托单位。

表 6-2　主要科学数据资源依托单位及数据资源概述①

序号	主要科学数据资源	依托单位	主管部门	所在省市	数据资源概述
1	测绘科学数据	国家基础地理信息中心	测绘局	北京市	整合全国测绘成果资料和档案资料
2	陆地表层资源环境科学数据	中国科学院地理科学与资源研究所	中国科学院	北京市	整合土地利用、生态系统、地形地貌、陆地植被、土壤等方面的科学数据
3	湖泊-流域科学数据	中国科学院南京地理与湖泊研究所	中国科学院	江苏省	整合形成全国湖泊-流域的基础数据、重点湖泊-流域的专题数据、典型湖泊-流域的特色数据以及产品体系架构的序列数据,数据量约 5 TB
4	寒区旱区科学数据	中国科学院寒区旱区环境与工程研究所	中国科学院	甘肃省	从寒区旱区研究战略需求出发,开展长期和短期的各种数据收集和整理;整合区域观测监测数据,并对科研项目产出数据进行永久备份和存档
5	黄土高原科学数据	中国科学院水利部水土保持研究所	中国科学院	陕西省	形成了具有地域特色和专业特色优势明显的科学数据资源,包括基础地理、水土保持、生态环境、社会经济、遥感数据、科技文献共 6 个类别 17 个子类 115 个数据集,数据量约 1.2 TB
6	东北黑土科学数据	中国科学院东北地理与农业生态研究所	中国科学院	吉林省	整合东北区域与粮食生产和黑土资源保护有关的科学数据,主要包括基础地理数据、自然资源数据、环境变化数据以及社会经济数据
7	气象科学数据	国家气象信息中心	中国气象局	北京市	整合全国气象科学数据资源

序号	主要科学数据资源	依托单位	主管部门	所在省市	数据资源概述
8	环境科学数据	中国环境监测总站	生态环境部	北京市	整合全国环境监测数据
9	农业基础科学数据	中国农业科学院农业信息研究所	农业农村部	北京市	按照"学科-主体数据库-数据集"三级模式重点整合12大类核心学科的农业科学数据资源,包括农业科学数据元数据整合和农业科学数据集实体数据整合两方面内容,共建成60个农业核心主体数据库,730个数据库集,在线和离线数据总量达520 TB
10	基因组学科学数据	中国科学院北京基因组研究所	中国科学院	北京市	整合中国人及有中国特色的动植物基因组数据库
11	基因组学科学数据	华大基因	—	广东省	整合中国人及有中国特色的动植物基因组数据库
12	生物信息科学数据	北京大学生命科学学院生物信息中心	教育部	北京市	维护着国内最大的生物信息在线资源,为广大中国用户提供各类生物信息学资源在线服务
13	农业产业链数据	中国农业科学院农业信息研究所	农业农村部	北京市	整合了粮油、糖料、棉麻、畜禽、蔬菜、水果等信息,内容涉及农业环境、生产、库存、价格、金融、消费等数据
14	农作物种质资源数据	中国农业科学院作物科学研究所	农业农村部	北京市	保存粮食作物、纤维作物、油料作物、蔬菜、果树、糖烟茶桑、牧草绿肥等作物共41万份种质资源
15	水稻品种及基因数据	中国农业科学院作物科学研究所	农业农村部	北京市	提供中国水稻品种及其系谱数据、水稻功能基因数据的共享与服务

续表

序号	主要科学数据资源	依托单位	主管部门	所在省市	数据资源概述
16	农业资源基础数据	中国科学院地理科学与资源研究所	中国科学院	北京市	整合农业 8 大资源数据库、宏观农业经济数据库、农业资源地图集、中国农业资源分布图集以及其他图形数据库
17	农业种植技术数据	国家农业信息化工程技术研究中心	北京市人民政府	北京市	汇聚了 20 余种果蔬作物、35 个茬口全覆盖的标准化技术成果,包括 1630 余部相关教学片,326 门标准化种植学习课程,总资源量超 100 TB
18	农村土地承包数据	农业农村部大数据发展中心	农业农村部	北京市	涵盖全国 2838 个县级单位、约 15 亿亩承包地、约 2 亿承包农户及其家庭成员基本情况的全国农村土地承包信息数据库

注:① 参考《大数据资源》,主编朱扬勇。

第7章
自然语言处理

7.1 自然语言处理的基本概念

7.1.1 自然语言处理的概念和定义

自然语言处理(NLP)是指利用人类交流所使用的自然语言与机器进行交互通信的技术。自然语言处理的相关研究始于人类对机器翻译的探索。它以语言为对象,利用计算机技术来分析、理解和处理自然语言,即把计算机作为语言研究的强大工具,在计算机的支持下对语言信息进行定量化的研究,并用人与计算机能共同使用的语言描写。自然语言处理包括自然语言理解和自然语言生成两部分,它是典型边缘交叉学科,涉及语言科学、计算机科学、数学、认知学、逻辑学等,关注计算机和人类(自然)语言相互作用的领域。计算机处理自然语言的过程在不同时期又被称为自然语言理解、人类语言技术、计算语言学、计量语言学、数理语言学。

7.1.2 自然语言处理的研究领域

自然语言处理是人工智能领域的一个重要分支,旨在让机器能够理解人类自然语言的含义、语境和逻辑,实现人机交互和自然语言分析。自然语言处理的研究和应用范围广泛,主要包括机器翻译、文本分类、情感分析、信息提取、智能问答、自动文本生成等。

1. 机器翻译

机器翻译(machine translation,MT)又称为自动翻译,是利用计算机将一种自然语言(源语言)转换为另一种自然语言(目标语言)的过程。它是计算语言学的一个分支,是人工智能的终极目标之一,具有重要的科学研究价值和实用价值。随着经济全球化及互联网的飞速发展,机器翻译技术在促进政治、经济、文化交流等方面起到越来越重要的作用。

自然语言处理技术在机器翻译领域取得了显著进展,当前的神经网络和深度学习方法极大地提升了机器翻译的性能。尽管如此,机器翻译仍面临诸多挑战,如语言的多样性、文化差异的理解和翻译的微妙性等。未来,期待自然语言处理和机器学习领域的进一步结合,能够使机器翻译更加精准、自然,满足不断增长的跨语言交流需求。

2. 文本分类

文本分类是指计算机通过一定的算法将文本按照预先设定的类别进行分类,常见的应用包括舆情分析、垃圾邮件识别和新闻主题分类等。文本分类是自然语言处理任务中的一个重要分支。文本分类可以将同类型的数据归在一起,方便整合文本资源数据,再进行数据分析。在互联网时代,人们在日常生活中产生了海量文本数据,而以往通过传统的人工方式进行数据清洗和分类,已经无法满足用户需求。因此,人们通过文本分类技术能够实现海量数据清洗和归类,降低劳动成本,提高效率,并能挖掘文本中隐含的价值信息。随着人工智能热潮的兴起,自然语言处理技术不断突破发展,文本分类技术研究取得了巨大的进步。

3. 情感分析

情感分析(sentiment analysis)又称意见挖掘,作为一种重要的自然语言处理技术,旨在通过自动识别和提取文本中的情感和主观信息,揭示人们对于产品、服务、组织、个人和事件等的情感倾向以及态度等。情感分析任务通过分析海量文本资源,揭示其中蕴含的情感信息和用户态度,成为自然语言处理中的重要研究领域。根据研究方法的不同,情感分析任务可以被划分为三种不同的类别,包括基于情感词典、传统机器学习、深度学习的情感分析;根据研究的文本粒度不同,也可以将情感分析任务划分为文档级、句子级、词语级以及属性级。情感分析在商业、社交媒体、医疗、政治等众多领域中得到广泛应用,其研究对于挖掘海量文本数据中的隐含信息、了解用户行为和情感、提升产品和服务的质量和竞争力等都具有重要的意义和价值。

近年来,基于深度学习的文本情感分析方法逐渐流行,深度学习模型可以自动地学习文本特征,但是当前的深度学习模型在中文情感分析中也存在着特征提取不够充分的问题。中文语言的复杂性和多义性使得文本表示的维度很高,而且中文词汇之间的语义关系也比较复杂,因此需要更强大的特征提取能力。

4. 信息提取

目前,NLP 技术已经被广泛应用于从非结构化的文本数据中提取信息,包括命名实体识别（named entity recognition，NER）、关系提取、实体和关系分类等。运用自然语言处理技术将非结构化数据转换为结构化数据能够有效减少人工阅读文本提取数据的时间，提高了非结构化数据的可用性，从而实现大规模文本的自动处理。

命名实体识别作为自然语言处理中的一项基础任务，其概念在第六届MUC会议（The Sixth Message Understanding Conferences，MUC-6）上明确提出，目的是从非结构化文本中提取结构化的实体信息，因此它对包括机器翻译、问答和知识图谱构建等众多自然语言处理方向的下游任务有着至关重要的作用。相比于英文命名实体识别，中文命名实体识别存在分词困难、分词与实体识别互相影响、内部特征差异化问题等难点，具有更强的挑战性。如何在现有的命名实体识别模型的基础上，有针对性地改进模型以提升模型的识别性能和效率，具有一定的研究价值和现实意义。

5. 智能问答

问答系统是一种能够自动回答用户提出问题的计算机程序。它可以通过自然语言处理等技术，理解并解析用户的问题，再从大量的数据中筛选出相关信息，为用户提供准确的回答和解决方案。20世纪60年代，有研究人员开始尝试构建自然语言问答系统，之后，随着知识图谱的出现，问答系统的研究得到了进一步推动。

早期的问答系统主要基于模板匹配和规则匹配的方法，这种方法容易出现歧义和误解，因此无法满足实际应用的需求。随着机器学习和深度学习技术的发展，问答系统逐渐采用了更加高效准确的算法。例如，利用神经网络和深度学习技术，可以实现智能问答和语义匹配，大大提高了问答系统的准确性和效率。目前，问答系统已经广泛应用于智能客服、智能家居、医疗问答等领域。随着技术的不断进步，问答系统的应用前景将更加广阔。基于知识图谱的问答系统是一种以知识图谱为数据基础，实现自然语言问答的计算机系统。该系统将知识图谱中的知识和数据与用户输入的自然语言进行匹配和推理，从而精准地回答用户的问题。相对于传统的基于关键字的检索模式，基于知识图谱的问答系统能够更好地理解用户的意图，从而提供更加准确、高效的答案。该问答系统的核心在于构建和优化知识图谱。在此基础上，问答系统可以通过自然语言处理等技术，理解并解析用户的问题，再从知识图谱中筛选出相关数据和知识，最终给用户提供准确、有用的答案。

6. 自动文本生成

自动文本生成又称智能文本生成、自然语言生成或机器写作，其目的是根据给定的输入数据（如报表数据、视觉信息、意义表示、文本素材等）自动生成高质量的不同类型的自然语言语句或篇章(如标题、摘要、新闻、故事、诗歌、评论、广告等)。如今,智能文本生成技术有了突破性发展,各类智能写作需求广泛崛起,智能文本生成应用呈现出行业广、场景多、需求大等特点。智能文本生成已经在媒体出版、电子商务、人机交互、电子政务、智慧教育、智慧医疗、智慧司法等多个行业和领域得到了落地应用。国内外数十家单位和企业(如 OpenAI、ARRIA、Automated Insights、Narrative Science、Google、Microsoft、阿里、百度、腾讯、京东等)将文本生成能力作为核心竞争力之一,已相继推出各类文本内容生成工具与服务,能够自动化生成或辅助人工生成各类文本内容(包括新闻、财报、天气预报、文摘、会议纪要、综述、公文、产品说明、广告文案、对话回复、评论等),大幅提升了内容生产效率和覆盖率。

早期的文本生成方法主要基于规则,并且采用流水线框架,将复杂的文本生成任务分解为多个阶段,对每个阶段分别进行设计和求解。近几年,随着深度学习技术的发展和突破,基于深度学习的文本生成已成为最主流的技术路线,每年在不同领域的重要国际会议中均有大量相关学术论文发表,推动文本生成任务的技术创新和性能提升。深度学习技术可用于流水线框架的各个阶段,但更主流的做法通常是将文本生成任务看作从输入到输出的端到端的转换过程,因此业界通常采用深度学习模型完成端到端的文本生成。近些年最成功的文本生成模型是基于编码器-解码器框架的方法。编码器对输入数据进行理解和编码,计算数据的语义向量表示,而解码器则以编码器的输出为输入,进行词语序列的解码输出。面向不同的文本生成任务,编码器可采用不同的深度学习模型对不同类型的输入进行编码,包括循环神经网络(recurrent neural network,RNN)、长短时记忆网络(long short-term memory,LSTM)、卷积神经网络(convolutional neural network,CNN)、Transformer(一种基于注意力机制的序列模型)网络等。不同文本生成任务的输出均为文本,即词语序列,因此解码器可采用 RNN、LSTM 或 Transformer 网络,这些模型可以基于已有的词语序列预测下一个词语。

7.1.3 自然语言处理的研究方法

自然语言处理按照不同研究方法主要可划分为基于规则的方法、基于统计分析的方法、基于神经网络的方法和基于深度学习及大模型的方法。

1. 基于规则的方法

基于规则的方法在自然语言处理的初期阶段占据主导地位,它的核心是编写大量的语法和转换规则,每一条规则都专门为处理特定语言特征而精心设计。通过分析句子的语法结构,系统能解析复杂的语法现象,如从句嵌套、语态变换和非直译成分的处理。这种系统通常包括大量的双语对照词典和语法知识库。词典中不仅包含单词的多种翻译选择，还涵盖了各种例外和特殊情况。语言学家和编程专家需要不断更新和维护这些规则，以应对新的语言现象和表达方式。

基于规则的方法对每一种新的语言都需建立一套新的复杂规则系统，存在耗时高和成本高的缺点，处理未知表达和非标准用语的效果较差。由于语言的多样性和变化性，完全依靠预设的规则来应对语言的所有可能性几乎是不可能的。

2.基于统计分析的方法

基于统计分析的方法不再依赖于详尽的语言规则，而是通过分析大量的文本数据来"学习"新模式。这种方法的核心是利用计算机强大的计算能力，从成千上万的句子对中提炼出统计规律。统计模型的优势在于其能够处理大量的数据，并从中学习到复杂的语言现象。此外，基于统计的机器翻译系统的可扩展性高，理论上只要有足够的语言数据进行训练，机器翻译系统就可应用于任何语言对。但是基于统计分析的方法过度依赖于可用的语料库，如果数据质量不高或数量不足就会直接影响翻译结果。

3.基于神经网络的方法

与传统的处理方法不同，神经机器翻译模型利用神经网络模仿人类大脑处理语言的方式，通过训练大量的双语数据集来执行翻译任务。这种方法的核心架构是编码器-解码器架构，编码器负责将源语言文本转换为中间语义表示，而解码器则将该表示转换为目标语言文本。神经机器翻译模型通常使用循环神经网络或更为先进的变体（如长短时记忆网络和门控循环单元）来处理序列数据。这些网络模型特别适合处理变长的输入和输出序列，因此非常适合机器翻译任务。神经机器翻译模型的最大优势在于其能够端到端地学习翻译任务，从而捕捉到语言的细微差异，并在不需要任何明确规则的情况下生成流畅的翻译文本。另外，神经机器翻译模型通过学习大量的文本数据，能够实现上下文敏感性，即相同的词或短语根据不同的上下文会被翻译成不同的目标语言表达。这种上下文敏感性是早期方法所缺乏的，也是神经机器翻译模型的翻译质量更自然的关键因素。随着训练数据的增加，神经机器翻译模型的性能通常会得到提升，这体现了其在学习语言模式方面的巨大能力。

4.基于深度学习及大模型的方法

深度学习模型，特别是卷积神经网络和注意力机制模型（如 Transformer 模型），在机器翻译中的应用，极大地提升了机器翻译的性能和效率。深度学习方法使得机器翻译系统不仅能捕捉语言的表层特征,还能理解深层的语义和语境信息。Transformer 模型,作为一种注意力机制模型,已成为基于深度学习的机器翻译的代表。与传统的循环神经网络和长短时记忆网络不同,Transformer 模型不依赖于顺序计算,因此在处理长序列时具有更高的效率,它通过注意力层捕捉全局的依赖关系,解决了神经机器翻译在长距离依赖方面的问题。此外,Transformer 模型的并行化能力极大地加快了训练过程,使得其在大规模数据集上的训练成为可能。基于深度学习的机器翻译不断在性能上突破边界,提供了比以往任何时候都要流畅和准确的翻译。这些模型在处理复杂的语言现象和细微的语境差异方面显示出了前所未有的能力。当然,深度学习模型通常被视为"黑箱",其内部工作机制不如基于规则的系统那样透明易懂。

7.2　自然语言处理的关键技术

7.2.1　词法分析

词法分析作为自然语言处理的基础研究领域,其研究成果直接影响后续句法分析研究和语义分析研究的规整度,而且对于有效利用大规模信息进行智能问答、语音识别和机器翻译等具有重要现实意义。词法分析主要分为分词和词性标注两个任务。一般而言,自然语言处理的基本单位是"词语"。与外文不同,中文句子的词语之间不存在天然的分隔符,文本中的句子以字串的形式出现。因此对于中文词法分析来说,首要的任务是将句子切分为词语。而词性标注则是赋予分词后的每个词语正确的词性,从而为自然语言处理中的句法分析和语义分析提供支撑。对于中文词法分析来说,分词结果的优劣关系到词性标注的准确性,而词性标注可以为分词结果提供反向校验,因此这两者关系是紧密相连的。

中文分词研究提出于 20 世纪 80 年代,经过多年的发展,基于词义和规则的方法已经逐渐被基于标注数据的统计方法所取代,后者不仅使得分词结果显著提升,而且分词模型也变得更加简单和易于理解。目前来看,中文分词的研究方法主要分为词典匹配、标注数据学习和深度学习三种方法。词典匹配一般是将句子与词典中的词条按照特定方向依次进行匹配查找,如果句子中存在该词条则匹配成功,在匹配成功处切分词语。标注数据学习是充分考虑数据集特性提出的研究方法。在互联网信息时代,网页文本中包含大量标记分词边界的标注信息(学术界通常将这种信息称为自然标注),如何应用这些自然标注信息进行分词成为分词领域新的研究方向。机器学习和神经网络的兴起为中文分词打开了新思路,尤其是深度学习的应用使得中文分词变得更加简单有效。与前两种研究方法相比,深度学习主要有以下两点优势:① 深度学习可以通过优化最终目标,有效学习原子特征和上下文的表示;② 基于循环神经网络的应用,深度学习可以充分利用上下文,更有效地刻画长距离句子信息。虽然基于深度学习的模型在分词领域取得了一定的成果,但是现有模型不论是在模型复杂度还是在计算量和词语平权问题上都存在不足,如何充分考虑这些问题对新的分词模型进行改进设计仍是当前的研究热点。

词性标注是中文词法分析研究的另一个重要任务,它被广泛地用于机器翻译、信息检索等相关领域。目前词性标注研究方法主要有规则方法、统计方法和深度学习方法。规则方法最早被提出用于解决词性标注任务,其基本思想是通过制定词性规则库进行处理。由于规则通常是利用现有语法知识通过人工总结出来的,因此规则的建立需要花费大量的人力和时间。除此之外,规则的完整度依赖于语言专家的知识水平,无法保证其处于低误差状态。由于规则方法出现瓶颈,人们开始采用统计方法解决词性标注任务。统计方法具有客观性强、准确性高等特点。常见的用于词性标注的统计方法有:隐马尔可夫模型(hidden Markov model,HMM),其通过观测向量序列和状态序列进行概率计算,但是这种模型的性能不高。近年来,随着深度学习技术的发展,研究者们也提出了很多有效的基于深层神经网络的词性标注方法。传统词性标注方法的特征抽取过程主要是将固定上下文窗口的词语进行人工组合,而深度学习方法能够自动利用非线性激活函数完成这一目标。

目前,中文词法分析已经得到了众多专家学者的关注,不论是分词研究还是词性标注研究都获得了长足进步,并且取得了不错的成绩。近几年来,随着计算机处理能力的提升,深度学习神经网络得到飞速发展,目前主流的基于统计的研究方法已经不能够满足该领域发展的需求,利用深度学习神经网络强大的建模能力来处理中文词法分析任务成为学术界研究的新热点。

7.2.2　句法分析

在自然语言处理任务中,句法分析是关键技术之一,其基本任务是确定句子结构和句子中的词与词之间的依存关系。句法分析是机器翻译和问答系统中最重要的环节,也是基础性研究。句法分析分为句法结构分析和依存关系分析两种,句法结构分析是指判断句子成分是否合乎给定的语法,分析出语法的结构,把句子划分成不同的短语结构,如动词短语、名词短语、介词短语等进行分析。在研究自然语言处理时,有时不仅需要确定整个句子的短语结构,而且要确定构成句子成分词与词之间的依存关系。依存句法分析旨在识别句子中词与词之间的依存关系,它的目标是找到每个词与句子中其他词之间的依存关系,并建立起一棵以某个词为根节点的依存句法树。在这个树结构中,每个词作为一个节点,它们之间的依存关系被表示为边。常见的依存关系包括主谓关系、动宾关系、定中关系等。

依存句法分析研究主要采用基于图的分析方法和基于转移的分析方法。基于图的依存句法分析方法的目的是寻找一棵最大生成树,得到句子整体的依存结构全局最优解。基于转移的依存句法分析方法由状态和动作两部分构成,其中状态用来记录不完整的预测结果,动作则用来控制状态之间的转移。和基于图的依存句法分析方法相比,基于转移的依存句法分析方法的解析速度很快,但精度比较低。

7.2.3 机器翻译技术

机器翻译是指通过应用计算机技术,尽可能在保持语义不变的情况下,实现不同自然语言之间的自动转换。作为自然语言处理中的一项核心任务,机器翻译旨在帮助人类实现文本和语音的自动翻译,促进人类跨国别、跨语言的文化交流和信息沟通。机器翻译技术始于 20 世纪中叶的美国,其间经历了多次发展与变革:从基于人为制定的规则的翻译方法,到基于统计规则的统计机器翻译方法,再到逐渐成为主流的神经机器翻译方法。如今,随着深度学习和人工智能技术的不断发展,相比于基于统计规则的机器翻译方法,神经机器翻译模型在可靠性和准确性上都取得了显著的提升,成为商用翻译系统中的重要翻译手段。随着神经机器翻译模型在谷歌、百度等商用在线翻译系统中的应用和 Transformer 网络的提出,神经机器翻译模型已经成为目前机器翻译的主流模型。

按照神经网络拓扑结构,神经机器翻译可以分为循环神经网络及其变形、卷积神经网络和 Transformer 网络等多种类型。循环神经网络是一种能够利用连续数据对下一个数据进行推断的方法,即后一个的输入与前一个的输入存在关系,并且能够对序列中的每个部分执行相同的任务,因此在神经机器翻译中得到了广泛应用,主要用于可变长序列数据问题。和其他神经网络相比,循环神经网络通过对隐藏层进行循环,使得隐藏层的值不仅取决于当前的输入,还取决于上一次的输入,因此能够更好地利用序列化输入。循环神经网络可以解决长距离依赖问题,但要通过大量的训练并且要得到合适的参数才能实现。卷积神经网络专门用于处理具有类似网格结构数据的神经网络,是图像识别领域的基本框架,近年来一些研究者将其用于神经机器翻译中,取得了一定的进展。2017 年出现了完全基于自注意力机制的 Transformer 模型。该模型应用多头自注意力机制来对序列进行编码,并且编码器和解码器均由注意力模块和前馈神经网络构成。Transformer 模型是完全基于自注意力机制的深度学习模型,适用于并行化计算,在翻译的精确度和性能上表现突出,但模型体量和计算量都较主流 RNN 模型大很多。

7.3 自然语言处理的农业应用

自然语言处理在农业中的应用尚处于起步阶段。农业领域数据来源广泛,数据表示、存储方式、组织方式、管理方式各有不同,信息资源处于高度分散和混乱无序的状态,为自然语言处理技术在农业中的应用带来一些挑战。随着人工智能技术的发展和智慧农业的进步,自然语言处理在信息提取、智能问答系统和文本分类等方面均涌现出农业应用的成功案例。

1. 信息提取方面

作为一种能够帮助人们高效地管理现实世界中事物及其关系的异构语义网络,知识图谱在近年来备受关注。知识图谱在电商产品推荐、图书情报和搜索引擎等领域得到了广泛应用,但在农业领域的研究相对滞后,现有研究主要集中于农业专题文献计量研究、农业信息检索、农业知识问答和农业信息资源推荐等方面。

在知识图谱最初兴起之时,学者们专注于将知识图谱作为分析农业专题文献的工具,用它来发现农业领域的研究主题和技术热点,便于为农业发展方向的实践和探索提供参考和指导意见。有的学者用 CiteSpace 对 CSSCI(中文社会科学引文索引)数据库中与农业规模经营领域的发展历史相关的文献进行了分析并发现,适度规模的经营有助于农业的持续发展,谁来经营、经营多少以及如何实现是农业规模经营领域的三大要点。有的学者使用 CiteSpace 对 Web of Science 数据库中与农业电子商务研究现状相关的文献进行了分析,认为在农业电子商务的研究中需要重视农业电子商务的模式和用户满意度。

随着知识图谱构建技术的不断进步,以信息搜索为主的普惠型信息服务开始逐渐面向农业经营主体,包括农业信息检索、农业知识问答、农业信息资源推荐等。使用知识图谱构建的农业领域信息检索系统可以将农业知识规范化,避免知识零散和歧义带来的问题。早期的农业信息检索研究严重依赖于人工数据标注,现在则多采用深度学习方法识别农业实体,有学者提出一种基于语义知识图谱的农业知识智能检索方法:首先人工构建农业本体,然后使用 BiLSTM-CRF 模型抽取农作物别名,最后使用 Neo4j 图数据库进行知识存储,实现了农业知识的规范分类,解决了农业知识一物多词的问题。有的学者为实现农作物信息的存储检索设计了农作物知识图谱,并使用 Neo4j 图数据库进行知识存储。有的学者为提高水稻栽培技术的传播效率构建了水稻栽培方案知识图谱,并使用 Neo4j 图数据库存储水稻栽培方案知识图谱并实现了水稻栽培方案可视化检索。

使用知识图谱技术构建面向具体农业任务的问答系统有助于帮助农户快速、精准地解决某些领域内的专业问题。最初,农业知识问答系统通过计算实体相似度实现,需要匹配大量的农业知识问答库,效率较低。随着知识融合与知识推理技术在农业中的不断发展,现在的农业知识问答系统具有了一定的扩展能力。在农业知识问答中,知识抽取作为构建知识图谱必不可少的步骤在该应用领域最为常用,Neo4j 图数据库由于具备高效的查询优势常被用来存储知识。

基于知识图谱进行农业领域的信息资源推荐可以有效地筛选冗余信息,为用户快速推荐符合其个性化需求的产品。最初,农业信息资源推荐以分析语义为主,如有的学者针对用户难以快速找到其偏好农产品的问题设计了农产品推荐系统。后来,随着基于知识图谱的个性化推荐算法的发展,农业信息资源推荐系统开始根据用户的个性化需求、偏好和个人特征来运行,如有的学者针对农户搜寻有效信息效率低下的问题设计了基于知识图谱的农业在线信息资源推荐系统,使用融合注意力机制的 BiLSTM 模型抽取非结构化农业知识,并将用户对知识图谱中实体的偏好程度融合到推荐算法中,实现农业信息的个性化推荐;有的学者首先使用 PairRE 模型获取实体和关系的向量表示,然后通过知识推理得到具体的施肥方案,最后根据相似的方案为农户推荐精确的施肥量。

2. 智能问答系统

在农业生产过程中,农民经常会面临各种各样的难题,例如病虫害防治、土壤改良、肥料选用等。随着科技的不断发展和移动网络的普及,农民逐渐学会使用网络查询相关信息,以提高生产效率和增加收益。然而,网络中的信息量十分庞大,其中很大一部分是杂乱冗余的信息。面对海量的数据,农民需要花费大量的时间和精力筛选信息,降低了工作效率。随着人工智能技术的不断发展,问答系统也在不断进步和发展。构建农业领域智能问答系统,可以帮助农民解决农业生产和经营中的问题。随着问答系统的成熟,越来越多的面向农业领域的智能问答系统开始涌现。

中国农业大学针对目前普及程度较高的以电话直接咨询、集中技术培训和专家现场指导为主的农业信息服务受时空和人力限制,存在及时性和便捷性欠缺的问题,在 Android 端集成命名实体识别和知识图谱查询推荐算法,解决用户所提问题的关键词识别和查询结果的择优推荐问题。图 7-1 所示为 Android

农业智能决策

端农技智能问答系统,可以为农民提供信息服务。

图 7-1 智能问答系统

农业知识服务是人工智能领域及农业信息化的前沿热点问题。农业知识问答是实现农业知识服务的一种重要手段。例如,构建农业病虫害知识图谱(见图 7-2),设计开发农业病虫害知识问答系统就能有效地实现农业知识服务。

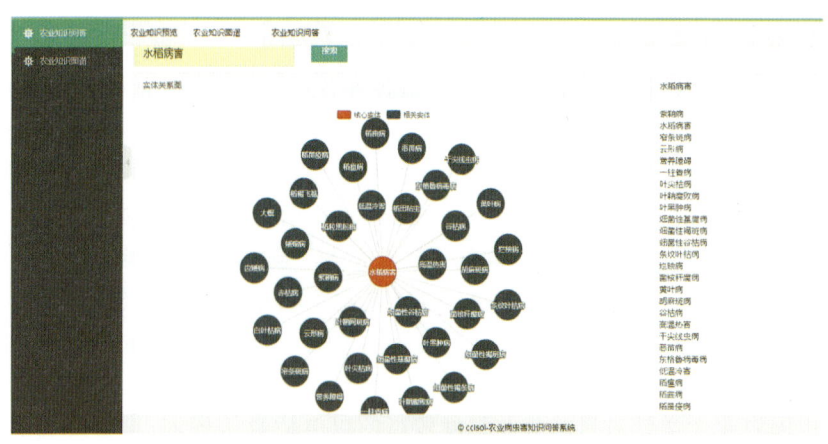

图 7-2 农业病虫害知识图谱

2022 年,针对特定领域的智能问答系统的研究成果较多,而农业领域的智能问答系统的研究成果较少的问题,南京林业大学创建了一个面向农业领域的智能问答系统,对农业智能问答领域内中文分词和智能理解的部分关键难点和重点进行研究,明显地改善了农业智能问答模型的准确率。

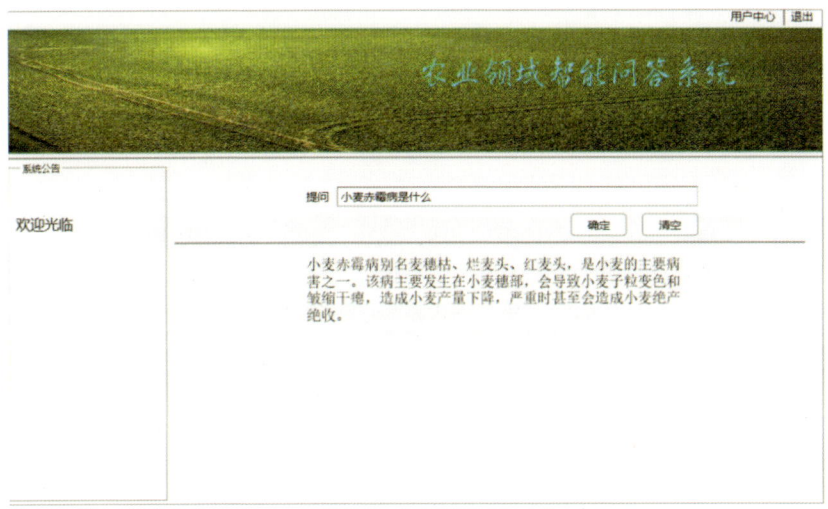

图 7-3　面向农业领域的智能问答系统

3. 文本分类

中国农业科学院针对农业领域文本的实际特点,分别采用了朴素贝叶斯(naive Bayesian,NB)、支持向量机、随机森林以及 LSTM(长短时记忆网络)、BERT(基于 Transformers 的双向编码器表示模型)、ERNIE(知识增强语义表示模型)共 6 种方法,训练构造了中文农业期刊分类器。小规模数据集分类为水稻育种、蔬菜种植、食品安全、畜禽传染病、乡村振兴、农业信息化、设施园艺等 7 个类别,大规模样本数据集分为茶叶、农牧业信息化与智慧农业、草地贪夜蛾、渔业水产、农业大数据、有机农产品、农业保险、水稻育种、玉米遗传育种、蔬菜种植培育、果树、棉花种植、花生、生猪生产养殖、小麦遗传育种、食用菌栽培种植、大豆栽培种植、乡村振兴、粮食和食物安全、家蚕培育和基因重组等 20 个类别,如图 7-4 所示。

问句意图识别(见图 7-5)是问答系统中的关键技术之一,影响后续检索和答案抽取的精确度。在问答系统中,当用户输入问题时,系统可以通过分类模型快速地将其划分到相应的问题类型中,从而更好地为用户提供准确的答案。同时,对于无法自动回答的问题,系统也可以将其划分到相应的领域中请专业人员解答,提高问答系统的性能。

图 7-4　文本分类系统

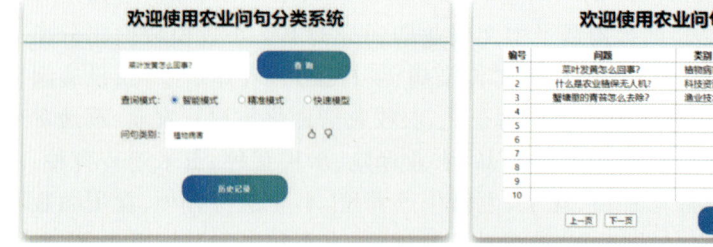

图 7-5　问句意图识别

第8章
农业机器人

8.1　农业机器人的基本概念

8.1.1　基本概念

农业机器人作为农业领域的高科技产品,拥有出色的感知能力和决策能力,能够实现一些基础的判断和活动,并且能够结合客观的环境以及机器自身的运作情况定量保质地完成程序设定的工作。当前农业机器人的工作实现方式主要有两种:一种是利用当前现有的机器人完成具体的农业生产活动;另外一种是研究出专门的机电系统来实现具体的农业生产活动。这两种模式下的机器人有特定的功能,只能适用于具体的环境,应用范围受限,对系统的发展以及改进是不利的,并且一些自然因素导致机器人的使用频率不高,引起生产成本增加。针对这一问题,世界各国纷纷着手研究能够应用于各种环境的农业机器人。

农业机器人是指用于农业生产,具有感知、决策、控制与执行能力的多自由度自主作业装备,主要包括信息感知系统、决策控制系统、作业执行机构、自主移动平台,即"眼、脑、手、脚"。在工程实际应用中,农业机器人与人工智能、大数据、云计算、物联网相结合,构成了农业机器人应用系统。

农业机器人是在复杂非/半结构化环境下,主要以生物活体为作业对象,服务于农业生产的单机、多机自主作业装备或系统。它是智能农业装备的高端形态,具有对作业环境、操作对象、装备状态、人员行为等信息的全域感知能力,融合机器学习、知识推理、人机交互、作业规划等的自主决策能力,以及灵巧作业、动态伺服、运动协同、多机协作等精准执行能力,能在繁重、恶劣、有危害的作业场景下实现精准、高效的生产。

8.1.2　农业机器人的产业需求

农业机器人按照作业对象不同可以分类为种植机器人和养殖机器人。种植机器人包括田间种植、果园种植、设施种植机器人,养殖机器人包括畜禽养殖、水产养殖机器人。我国农业综合机械化率已超过70%,农业机械化解放了劳动力,提高了劳动生产率,基本实现了田间联合收割等作业条件一致性较好、适宜大规模自动化生产的目标。然而,农业生产仍然广泛存在现有农机装备难以胜任的高、精、尖、难作业任务,这对具有感知决策、眼手协同控制等智能化自主作业能力的农业机器人提出了明确需求。

现代农业已经走向智能化、精细化时代,许多农业生产场景都需要类似人工灵巧作业的机器。农业机器人应运而生,能够承担农业从业人员"干不了""干不好""干不快""不愿干""危害大"等的工作。"干不了"指不间断劳作和苛刻的自然条件使得人力难以企及的生产场景,如畜禽舍24小时不间断巡检、水下养殖海产品捕捞等;"干不好"指批量高效率精细作业难题,如高速嫁接等;"干不快"指对高效精细操作有要求的生产环节,如精密定植、高效屠宰;"不愿干"指高劳动强度或长时间枯燥机械作业岗位,如饲养、挤奶、采摘等;"危害大"指存在较大有损从业人员健康的安全风险的生产环节,如植保喷药、高枝作业等。机器人行业设计、感知、决策、控制等共性技术的发展,机器视觉、轨迹规划、定位导航等单元技术性能趋于成熟,为农业机器人场景落地提供了技术支撑。

8.2 农业机器人的主要类别

8.2.1 农业机器人的发展阶段

农业机器人技术受机器人机构学、人工智能、物联网、移动通信、传感器等前沿技术牵引,逐渐全面渗透到种植、养殖产业的各个生产应用场景。世界各国先后研发了各式各样的农业机器人。

农业机器人的发展大体上可分为3个阶段:第1阶段为萌芽期,从20世纪80年代至20世纪末,农业生产环节引入了机械臂、图像处理等工业机器人单元,推动了农业自动化的发展。第2阶段为起步期,从2000年至2015年,代表性成果为嫁接、移栽等机器人进入产业应用期。第3阶段为发展期,从2016年至今,人工智能技术工程化趋于成熟并进入复杂农业场景,除草、表型机器人形成了示范应用。

8.2.2 大田农业机器人

大田农业机器人是指在大田环境下从事作物表型、农情巡检、墒情检测、杂草去除、土地平整、特种选择性作物收获等任务的自主作业装备,其关键技术包括精准导航、机器视觉、智慧决策、自主行走和智能作业控制等。

1. 信息获取类机器人

大田信息获取类机器人(见图 8-1)主要完成作物发育表型、作物长势、病虫草害、土壤理化性质等信息采集,可用于品种选育、田间管理、适时收获等作业决策。其主要技术难点为高性价比机载传感器的研发,以及田间高效巡检平台自适应快速稳定行走问题。

(a) Phenospex田间表型机器人

(b) LemnaTec田间表型机器人

(c) Robopec田间表型机器人

(d) 自主移动型　　　(e) 钵苗定位型　　　(f) 全地形通过
　　机器人　　　　　　机器人　　　　　　型机器人

图 8-1　信息获取类机器人

2.田间耕种类机器人

田间耕种类机器人(见图 8-2)是指通过自主导航、智慧决策和精准化作业的伺服控制技术,实现大田生产土地耕整一致性、播种精量化、移栽智能化的机器人。它能够保障大田种床平整度,降低播种移栽成本,提高农作物产量和质量。相较于其他农业机器人,播种、施肥、移栽机器人相对成熟。其主要技术难点为高精度高程图的实时绘制、对特殊形态种子的精量播种、漏播监测和补种,以及移栽中的高速识苗、取苗、剔苗、补苗问题。

图 8-2　田间耕种类机器人

3.田间管理类机器人

田间管理类机器人(见图 8-3)是指通过自主导航、视觉识别与定位和精准作业控制技术完成除草、喷药、追肥等功能的机器人,主要针对病虫草害实现精准对靶施药,针对作物生理需求实现按需变量追肥,提高农药和肥料利用率,提高农产品品质,降低生产成本,改善生态环境。其主要技术难点为作物杂草高精度实时识别、精准对靶作业等。

4.田间收获类机器人

田间收获类机器人(见图 8-4)是指通过机器视觉等技术识别与定位、选择作业对象并依据对象特征实现差异化精准收获控制的机器人,它关注无法大规模自动化采收的对象,同时注重收获作业的高效性和适应性,弥补了农机装备在精细选择性收获作业方面的不足。其主要技术难点为高效、低损收获末端执行器的设计与控制。

(a) 美国John Deere化学除草机器人　　　(b) 瑞士Ecorobotix除草机器人

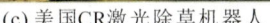

(c) 美国CR激光除草机器人　　　(d) 法国Dino机械除草机器人

图 8-3　田间管理类机器人

(a) 大田甘蓝收获机器人　　　(b) 大田草莓收获机器人

图 8-4　田间收获类机器人

8.2.3　果园农业机器人

果园生产和大田农业生产一样,也要走从机械化、自动化向机器人化发展的路径。果园多位于丘陵山地等崎岖地面。果园农业机器人的主要任务包括果园物境信息获取、剪枝套袋、对靶喷药、疏花疏果、果实采摘等,它对移动过程中的精准作业有较高要求。

1. 果园巡检类机器人

果园巡检类机器人(见图 8-5)主要依靠机器视觉、自主导航、智能决策功能完成果树长势、果品产量质量、病虫草害的检测与预警,主要用于病虫草害监控、产量预估与收获作业规划等。其主要技术难点为移动视角下的果树果实的目标检测、时空变换下的巡检信息融合和数据挖掘。

图 8-5 果园巡检类机器人

2. 果园管理类机器人

果园管理类机器人(见图 8-6)是指通过自主导航、视觉识别与定位和精准作业控制技术完成除草喷药、剪枝套袋、对靶喷药、疏花疏果等功能的机器人,主要完成对病虫草害的精准对靶施药、灵巧疏花疏果套袋作业,提高果品品质,实现机器代人的目标。其主要技术难点为灵巧作业手臂的设计、作物杂草的精确识别、对靶喷药的精准控制等。

3. 果园采摘类机器人

果园采摘是季节性强、费工费时费力的生产环节。果园采摘类机器人(见图 8-7)是指具备自主导航、果实识别定位、作业规划、采摘动作控制功能的机器人。高效低损采摘是机器人作业的巨大技术挑战。

(a) Wall-Ye葡萄枝修剪机器人　　　　(b) 樱桃剪枝机器人

(c) Vision Robotics苹果剪枝机器人

图 8-6　果园管理类机器人

(a) 以色列苹果采摘机器人　　　　(b) 美国苹果采摘机器人

(c) 新西兰猕猴桃采摘机器人　　　　(d) 国产苹果收获机器人

图 8-7　果园采摘类机器人

8.2.4 设施农业机器人

准工厂化的设施环境适合机器人化生产。设施农业机器人参与的高速高效精准作业主要包括表型选育、种苗移栽嫁接、长势产量病虫害巡检、打叶整枝、果蔬采收等。

1. 育苗表型类机器人

育苗表型类机器人(见图 8-8)是在可控环境条件下对作物形状、结构、大小、颜色等可观测性状进行高通量信息获取的机器人,可以为优良品种选育提供表型组学信息。其主要技术难点在于多源时空高光谱信息的融合识别、复杂生长环境下生物性状特征的去噪辨识等。

(a) 生菜育苗表型分析机器人

(b) 番茄育苗表型机器人

(c) 设施育苗高光谱成像机器人

图 8-8 育苗表型类机器人

2. 嫁接移栽类机器人

嫁接机器人能利用传感器和计算机图像处理技术实现嫁接苗子叶方向的自动识别和判断。嫁接机器人能完成砧木、穗木的取苗、切苗、接合、固定、排苗等嫁接过程,能够有效提高作业效率和嫁接苗成活率,被公认为是能够最先投入实际生产应用的设施园艺机器人。移栽机器人是指实现钵苗从高密度到低密度穴盘的稀植移栽的机器人。嫁接移栽类机器人(见图 8-9)的主要技术难点为高速低损取苗夹爪的设计、基于机器视觉的优劣苗的实时分选等。

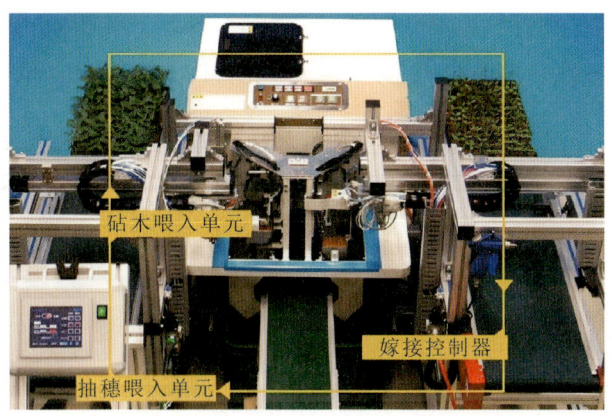

图 8-9　嫁接移栽类机器人

3. 打叶整枝类机器人

打叶整枝类机器人(见图 8-10)是通过对蔓、茎、果、叶、绳的感知与理解,基于果蔬专家经验知识、农机农艺知识完成打叶、整枝的机器人。其主要技术难点包括高效末端执行器的设计及专家决策方法、目标枝叶定位机器视觉算法、避障运动规划控制方法等。

(a) Kompano打叶机器人　　(b) SAIA打叶机器人

(c) 番茄整枝机器人　　(d) 黄瓜打叶机器人

图 8-10　打叶整枝类机器人

4. 果蔬采收类机器人

果蔬采收类机器人(见图 8-11)是指依据着色、尺寸等指标自动识别作业对象、自动规划路径并进行选择性采收的机器人,是无人化作业的关键装备。其主要技术难点在于任务路径自主规划、受遮挡目标重建、灵巧低损末端执行器设计等。

(a) 多轴甜椒收获机器人   (b) SWEEPER甜椒收获机器人

(c) 末端执行器夹住甜椒   (d) 末端执行器剪切甜椒

图 8-11　果蔬采收类机器人

8.2.5　畜禽养殖类机器人

畜禽养殖类机器人(见图 8-12)是指在规模养殖环境下完成自主导航行走、动物行为识别、定向跟踪作业等任务的机器人。畜禽养殖类机器人主要用于畜禽饲喂、环境消杀、挤奶打针、健康巡检等任务。其主要技术难点为活体生物目标行为特征识别、饲料精准精量投喂控制等。

(a) Octopus禽舍消杀机器人　　(b) PoultryBot捡蛋机器人　　(c) 精量投饵饲喂机器人

(d) 奶牛饲喂推料机器人　　　　　　(e) 挤奶机器人

图 8-12　畜禽养殖类机器人

8.3　农业机器人的关键技术

农业机器人主要涉及 5 大关键技术,即物境信息智能感知技术("眼")、智慧决策与智能控制技术("脑")、灵巧臂手精准作业技术("手")、自主导航稳定行走技术("脚")及云-边-端协同机器人系统构建技术,如图 8-13 所示。

8.3.1　信息智能感知技术

农业机器人作业首先需要感知作业环境、作业对象和机器人本体状态,获取作业过程的全景数据,为完成作业任务提供基础。物境信息智能感知技术主要研究传感器件、特征提取、信息融合等共性关键技术(见图8-14)。农业物境信息智能感知技术的重点研究内容如下:① 研究农业机器人作业场景中的动植物对象、作业环境、机器人本体、作业过程特性的传感新原理、新材料、新方法,研制农业机器人专用传感器;② 研究数据降维、去噪等数据预处理方法,开发多源多类数据高效特征提取算法,支撑农业机器人感知认知目标;③ 研究农业场景多源异构数据融合方法,建立多模态、多传感器的轻量级深度学习模型,形成基于片上模型(model-on-the-chip,MOC)的感知和计算融合系统,实现农业机器人高效感知。

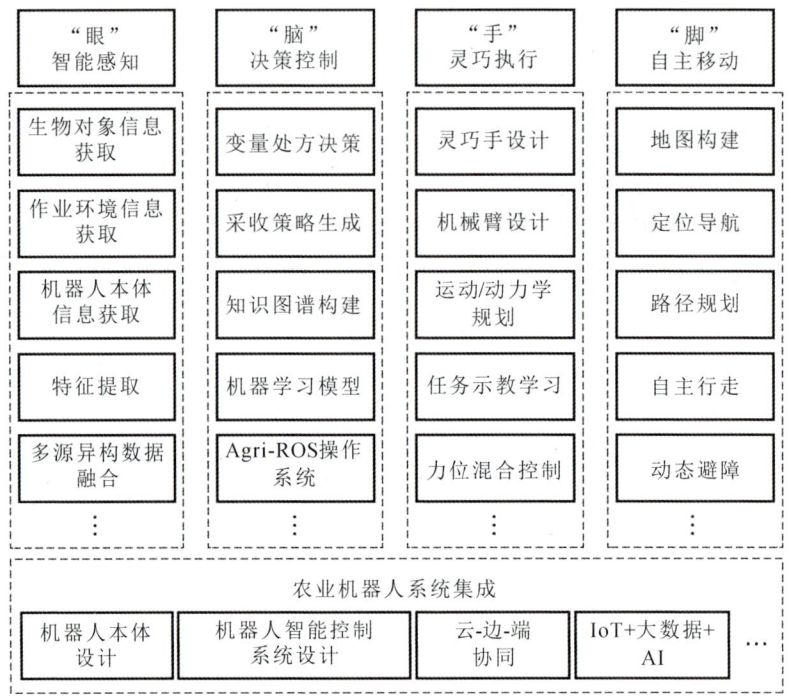

图 8-13　农业机器人的关键技术体系

注：Agri-ROS 表示农业机器人操作系统。

8.3.2　智慧决策与智能控制技术

　　智慧决策与智能控制系统旨在对感知信息进行深度融合、认知推理、预测规划，并协调控制农业机器人的"眼""手""脚"等多个子系统作业。它是农业机器人的核心要素，其共性关键技术主要包括农业机器人软硬件控制平台技术、作业算法工具、作业决策应用。

　　面向多类型、跨场景、多任务农业机器人的快速开发与应用需求，智慧决策与智能控制技术（见图 8-15）的重点研究内容如下：① 针对通用机器人操作系统（robot operating system，ROS）对农业机器人硬件兼容性不佳、仿真环境不适用农业场景等弊端，研制开源农业机器人操作系统，实现农业机器人的软硬件资源管理、多任务并发实时任务处理，感知、运动、规划、控制算法仿真，算法库模型库共享，支撑农业机器人开发者生态；② 研制适用于农业机器人多模态感知信息处理、易于组网通信的嵌入式主板，开发低成本、可拓展、高防护等级的

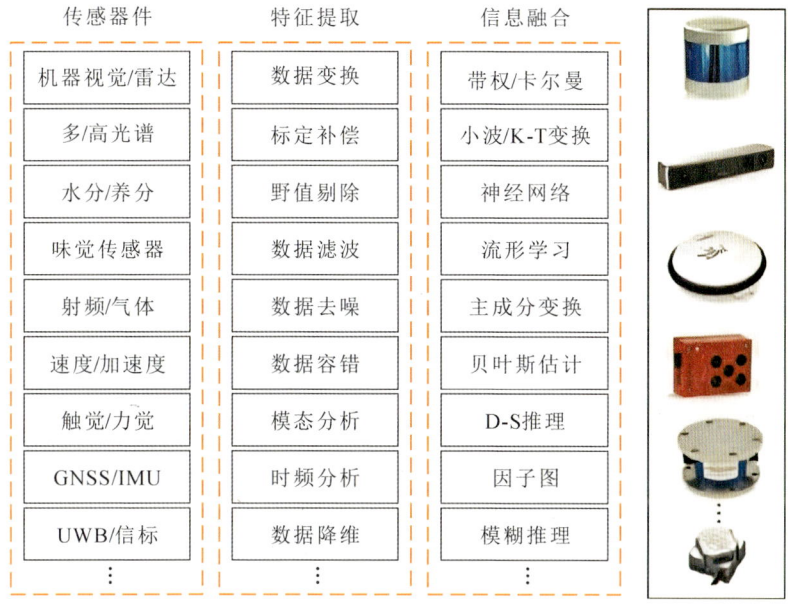

传感器件	特征提取	信息融合
机器视觉/雷达	数据变换	带权/卡尔曼
多/高光谱	标定补偿	小波/K-T变换
水分/养分	野值剔除	神经网络
味觉传感器	数据滤波	流形学习
射频/气体	数据去噪	主成分变换
速度/加速度	数据容错	贝叶斯估计
触觉/力觉	模态分析	D-S推理
GNSS/IMU	时频分析	因子图
UWB/信标	数据降维	模糊推理
⋮	⋮	⋮

图 8-14　信息智能感知技术

注：GNSS/IMU：全球导航卫星系统/惯性测量单元；UWB：超宽带；

K-T 变换：运动-地面坐标系变换；D-S 推理：Dempster-Shafer 证据理论推理。

农业机器人通用控制器；③ 研究基于机器学习的感知、决策、控制算法，开发目标识别定位、环境重建、自主移动、高效收获、运维调度等作业决策通用组件，构建高性能农业机器人快速开发平台。

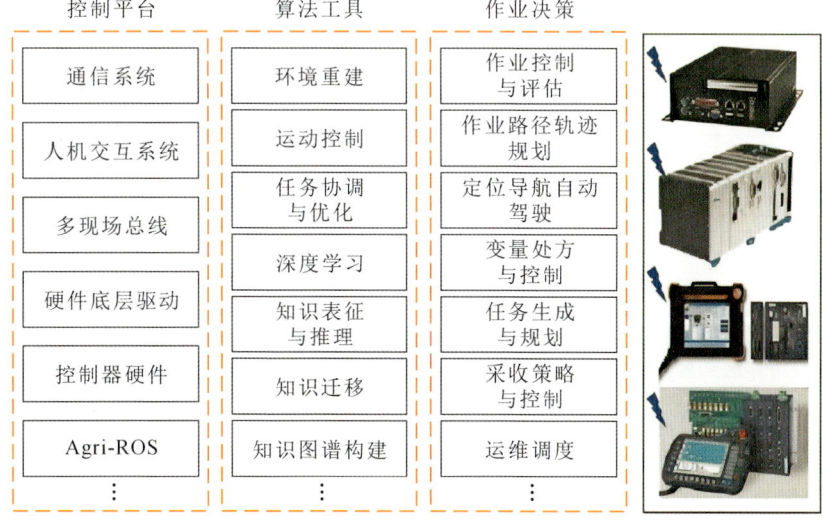

控制平台	算法工具	作业决策
通信系统	环境重建	作业控制与评估
人机交互系统	运动控制	作业路径轨迹规划
多现场总线	任务协调与优化	定位导航自动驾驶
硬件底层驱动	深度学习	变量处方与控制
控制器硬件	知识表征与推理	任务生成与规划
Agri-ROS	知识迁移	采收策略与控制
⋮	知识图谱构建	运维调度
	⋮	⋮

图 8-15　智慧决策与智能控制技术

8.3.3　灵巧机械手、臂精准作业技术

农业机器人机械臂与末端执行器是完成重复、高强度或危险工作的作业部件,机器人末端执行器与农业作业对象关系密切,其灵巧特性应被格外关注。制造灵巧机械手、臂需要对新型轻材料应用、结构设计、驱控系统设计、作业模式与作业方法规划,以及高精高效作业控制进行研究。

灵巧机械手、臂精准作业技术(见图 8-16)的重点研究内容如下:① 农业机器人模块化构型设计、与作业环境相适应的机械臂轻量化设计、刚柔耦合设计及机电液气混合驱动方法,研制可配置和可重构的多功能农业机器人手臂系统;② 针对农业机器人作业环境复杂、目标对象多变且易损的特点,研究灵巧末端执行器的结构设计与作业性能关系、作业过程中的损伤机理、新型材料的适应性及高通用性设计方法,开发高效作业嵌入式自适应控制系统;③ 研究机械手臂作业系统的规划与控制方法,重点攻克动态视觉伺服、实时避障、导纳控制等具有高状态感知与强鲁棒性的核心算法。

手、臂设计	作业规划	作业控制
机械臂构型综合	运动学规划	最优作业姿态估计
刚柔耦合手臂设计	动力学规划	主动柔顺调整
机电液气混合驱动	多臂任务规划	动态视觉伺服
欠驱动机械手设计	末端位姿规划	力/位置混合控制
柔性末端执行器	任务示教交互	轨迹跟踪控制
眼在手中的构型设计	手眼协调规划	自抗扰控制
感抓一体融合设计	路径轨迹规划	导纳/阻抗控制
可穿戴装备或外骨骼	实时避碰规划	操作技能强化学习
⋮	⋮	⋮

图 8-16　灵巧机械手、臂精准作业技术

8.3.4　自主导航稳定行走技术

农业机器人自主导航稳定行走技术(见图 8-17)主要解决机器人在复杂自然场景中的移动性和通过性问题。其关键技术包括:移动底盘设计与驱控、实时精准定位、自主导航与避障技术,以及地图探索与构建、路径规划轨迹跟踪控制等。

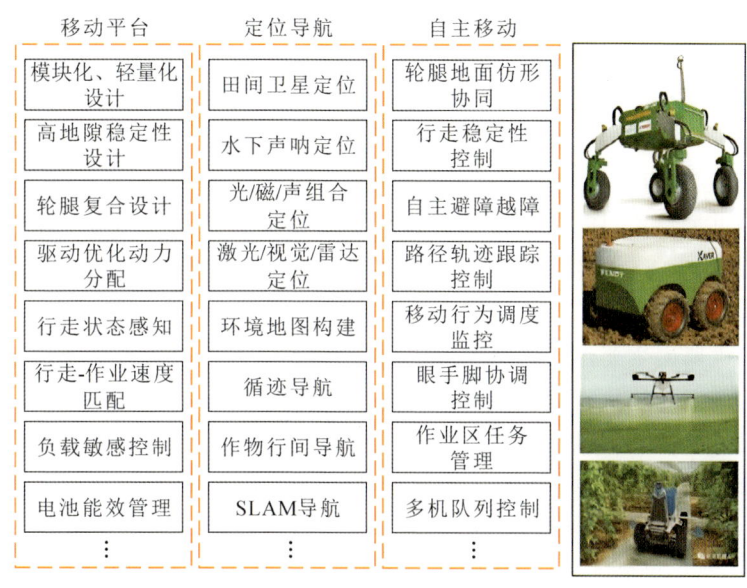

移动平台	定位导航	自主移动	
模块化、轻量化设计	田间卫星定位	轮腿地面仿形协同	
高地隙稳定性设计	水下声呐定位	行走稳定性控制	
轮腿复合设计	光/磁/声组合定位	自主避障越障	
驱动优化动力分配	激光/视觉/雷达定位	路径轨迹跟踪控制	
行走状态感知	环境地图构建	移动行为调度监控	
行走-作业速度匹配	循迹导航	眼手脚协调控制	
负载敏感控制	作物行间导航	作业区任务管理	
电池能效管理	SLAM导航	多机队列控制	
⋮	⋮	⋮	

图 8-17　自主导航稳定行走技术

注:SLAM 表示实时定位与建图。

自主导航稳定行走技术的重点研究内容如下:① 设计模块化、轻量化、高通过性农业机器人移动底盘,构建运动学与动力学模型,建立机器人与地面相互作用系统的高维模态分析方法,开发负载敏感自适应、多驱动轮动力匹配的移动平台控制系统;② 针对植保、巡检、收获等机器人的共性需求,设计具备通用机电接口、数据通信模式的"一专多能"功能性移动平台;③ 研究农田可通过性场景的感知与理解方法,开发地图实时构建、多模态地况感知、路径动态规划、机群协同编队、地头转弯优化决策模型,实现通用、高效能的移动平台自主避障、自动驾驶功能。

8.3.5　云-边-端协同的农业机器人系统

云-边-端协同的农业机器人系统设计包括机器人本体数字化设计、控制系统架构设计、"眼脑手脚"协调控制、系统仿真与数字孪生、云-边-端协同的云脑控技术,以及多机器人协同作业技术。

云-边-端协同的农业机器人系统的重点研究内容如下:① 机器人"眼脑手脚"集成设计与多学科优化方法;② 构建农业机器人全程作业云端大数据库、云端知识图谱知识库,开发农业机器人云管控系统;③ 面向无人植物工厂、无人农场、智慧牧场等系统的建设需求,研究农业机器人多机协作、机群调度、智能运维等云脑控技术,实现多平台兼容机器人系统集成。

8.4 农业机器人的应用

20 世纪 80 年代,一些发达国家就已经开始进行农业机器人的研发工作,并相继研制出了嫁接、扦插、移栽和采摘等多种农业机器人。机器人在农业领域的出现和应用,为这些国家的农业自动化、精准化、智能化发展带来了强劲动力。

采摘机器人主要由行走装置、机械臂、末端执行器、视觉系统和控制系统组成。人们利用计算机视觉技术对果实进行识别和定位,将获取的果实位置信息反馈给采摘机器人,最后利用末端执行器对果实进行分离,从而完成采摘任务。

以苹果为例,采摘机器人主要利用机器视觉系统识别苹果,用末端执行器分离果实,模拟人工采摘,极大地减少对劳动力的需求,且对果实不会造成损伤,但由于苹果采摘作业环境复杂,机器人的采摘效率远低于人工,并且成本较高。国内外学者针对苹果采摘机器人进行了大量研究,取得了一定的成果,但要推出成熟的商业化苹果采摘机器人,还需要在精确快速识别与定位以及无损、高效末端执行器技术方面取得进一步突破。

以下对采摘机器人涉及的关键技术进行总结分析。

1. 路径规划技术

采摘机器人在果园作业时,果树不规则的较大冠层与行人等是阻碍机器人行驶的安全隐患,那么,实现移动机器人果园行间自主导航就需要考虑这些安全隐患。

机器人果园行间的路径规划主要分为基于点云的路径提取和基于机器视觉的路径提取。前者通过点云进行采集、分析和处理,计算果园的垄行线,采用激光雷达技术将道路中心线的横向偏差控制在 ±14 cm 以内。后者通过摄像头采集图片,通过计算机视觉技术计算行走路径,已有研究表明,该路径规划在枣园中的路径检测准确率为 94%。基于点云的技术不受光线影响,能适应丘陵、平地等不同的地形,具有更好的实时路径判定方法;基于图像的路径判断方式受光照的影响较大,在路面不平整、路面状况复杂的情况下受干扰较大。总之,果园环境复杂、障碍物多样,采摘机器人虽然在行走方面已经取得一定的成效,但仍需继续研发攻关。

2. 果实自动识别

视觉识别系统作为采摘机器人的一部分,其目标检测的速度、准确率以及对周边环境的适应能力对采摘机器人的工作效率和工作时长有较大影响。稳定的目标识别可以让采摘机器人长时间工作,节约劳动成本,提高生产效率。

为了适应果园中不同苹果密度、不同生长阶段、不同光照的复杂环境,很多研究基于已有的优秀的目标检测模型,如 YOLOv3、YOLOv4、SSD、FasterR-CNN 等创建了适应果园复杂环境的苹果目标识别模型,均取得了优于其他目标检测模型的效果。也有研究同时针对多类水果,搭建多类水果的深度学习目标检测模型,能自适应地提取不同种类水果的特征,实现对多类水果的识别。研究表明,采用深度学习方法对荔枝、皇帝柑、脐橙及苹果进行识别,平均识别精度能分别达到 86.9%、91.6%、90.7% 和 89.2%,提高了水果检测识别的效率。有的研究以青苹果为研究对象,通过图像采集、图像去噪、图像增强、图像分割在夜间对青苹果进行识别,识别正确率为 87%。

视觉系统是采摘机器人组成部分中的重点和难点,采摘机器人的工作效率和稳定性取决于其对果实识别的速度、准确率以及对复杂环境的适应能力。凭借卷积神经网络和深度学习技术强大的特征提取和目标识别性能,基于机器视觉的树上苹果识别技术取得了飞速的进步,并取得了一定的实效,但由于果树冠层枝叶茂密,果实被遮挡一直是树上果实识别技术很难跨越的瓶颈,故该技术尚未实现大规模应用。

3. 果实定位技术

果实定位是采摘机器人视觉系统中的另一个重要组成部分。苹果被识别后,需对其进行准确定位,首先要获得苹果的二维及深度信息,然后通过获取苹果采摘点及姿态,帮助机器人执行抓取操作。在非结构化的果园环境中,苹果定位的主要挑战是果实遮挡和重叠以及成像过程中果实被风或其他因素移位。

近几年,针对机器视觉三维定位,国内外学者提出了许多有效的方法,其中应用较为广泛的为基于单目彩色相机、立体视觉匹配、深度相机、激光测距仪、采用飞行时间的光学 3D 相机的三维定位方法。单目彩色相机对目标果实进行定位最早应用于采摘机器人,但由于存在较大误差,后续研究者多采用双目或多目彩色相机对目标果实进行定位。尽管单/双目彩色相机能获取目标的深度信息,但考虑到光照条件的变化,激光主动视觉是一个更好的选择,因此,激光测距仪也被运用于采摘机器人目标定位研究。此外,由于采摘机器人通常工作在复杂的自然环境下,果实有被遮挡的情况,这时,激光测距仪就无法精准定位。光学 3D 相机通常由彩色相机和深度相机组成,弥补了在光照条件变化和目标存在遮挡情况下的不足,因而被广泛应用于采摘机器人目标定位领域。

4.果实分离技术

末端执行器是苹果采摘机器人的关键部分,在苹果被识别、定位并确定采摘路线后,采摘机器人利用末端执行器将果实与树枝分离。苹果外皮较为脆弱,生长环境较为复杂,在采摘过程中容易受到损伤,而末端执行器的柔顺方式、固定果实方式以及分离果实方式是影响果实损伤程度的重要因素,通过分析果实生物特性,从而开发出减小苹果损伤率的末端执行器尤为重要。末端执行器在采摘苹果过程中首先要进行抓取动作,抓取对象有果实和果梗,主要抓取方式有夹持式和吸持式,在完成抓取动作后,需将果实与果树分离,一般采用拉断、扭断和切断的分离方式。目前,国内外学者已经开发和测试了诸多用于苹果采摘的末端执行器。

现有的苹果分离技术多以手爪夹持果实,通过扭断或拉断分离果实的方法为主。为了更好地适应果实的形状、大小以及姿态,降低对果实的损伤,提高采摘成功率,国内外学者以苹果的生物特性和人类手摘苹果的动态过程研究为基础,提出了指面柔性材料、欠驱动、软体手和基于感知的伺服控制等柔顺结构或控制的方法,并进行了广泛试验,但最终由于采摘效率低、苹果损伤多和无法采摘重叠或被遮挡的果实等问题而无法达到商业化的应用水平。

苹果采摘机器人的研制取得了很大的进展,开发出了采摘成功率高于 70%的多种采摘机器人原型,但尚未有采摘机器人能够彻底解决被遮挡果实采摘成功率低这一问题。人工采摘速率为每分钟约 50 个苹果,机器人采摘速率为每分钟 5~10 个苹果,远低于人工采摘速率;而且在成本方面,一是采摘机器人的使用成本相较于人工并没有优势,二是采摘机器人在采摘过程中对果实造成的损伤远高于人工操作损伤,损失较大。因此,目前的苹果采摘机器人仍处于实验室或者果园试验阶段,还需要经过进一步的研究和开发,以提高性能和降低成本。

第 9 章
大田种植智能决策

9.1 大田种植智能决策的研究背景

我国种植业生产正在由分散小农户向种植大户、家庭农场和合作社转移，从传统技术型向精准化、机械化、自动化技术型发展。加强智能装备、智能管理和精准作业技术在农业生产中的应用对于推进种植业生产现代化具有重要意义。

人工智能、5G、物联网、大数据等信息技术的快速发展推动了经济社会各个领域的数字化转型，全球数字化的脚步已势不可挡。在数字时代的技术浪潮中，用数字经济赋能现代农业，加快推进数字农业发展和数字乡村建设，是推动农业现代化的必然选择，更是推进乡村振兴战略实施的关键。党的十八大以来，党中央、国务院高度重视数字农业农村建设，做出实施大数据战略和数字乡村战略、大力推进"互联网＋"现代农业等一系列重大部署安排，推进数字技术在农业中的应用。2018 年 9 月，中共中央、国务院印发了《乡村振兴战略规划（2018—2022 年）》，明确大力发展数字农业，实施智慧农业工程和"互联网＋"现代农业行动，鼓励对农业生产进行数字化改造，加强农业遥感、物联网应用，提高农业精准化水平。2019 年，农业农村部、中央网络安全和信息化委员会办公室印发《数字农业农村发展规划（2019—2025 年）》，对新时期推进数字农业农村建设的总体思路、发展目标、重点任务做出明确部署，擘画了数字农业农村发展新蓝图。当前，新一轮科技革命和产业变革正在萌发，大数据的形成、理论算法的革新、计算能力的提升及网络设施的演进驱动种植业科技创新发展进入新阶段。我国提出要努力在提高粮食生产能力上挖掘新潜力，在优化农业结构上开辟新途径，在转变农业发展方式上寻求新突破，在促进农民增收上获得新成效，在建设新农村上迈出新步伐。

按照优质、高效、安全、生态、绿色的发展理念，坚持以农民增收、农业增效为目标，以转方式调结构为主线，充分发挥信息技术、人工智能技术、农业机械技术等在种植业创新中的节本增效、推动规模经营的重要作用,开展主要农作物生产全程机械化和智能化的推进行动,研发一批适合不同区域、不同作物、不同环节的核心技术和智能装备,提高产品的适用性、便捷性、精准性、安全性。将信息技术和人工智能技术作为种植业创新发展的重要制高点,需要加快精准作业、智能控制、远程诊断、遥感监测、灾害预警、地理信息服务及物联网等现代信息技术在种植业领域的应用,需要加快大田种植智能决策关键技术研发,搭建多层次服务平台,发展农业机器人和智能机械,推进领域核心科技研发,以农业智能化引领农业现代化,走出一条具有中国特色的数据和智能驱动发展的大田种植科技创新道路。

因此,我国开展大田种植智能决策技术研究,应充分利用人工智能技术、信息技术、农机技术和智能装备技术带来的创新发展机遇,将上述技术在种植业中集成应用,为我国的粮食安全、农业生产管理、农产品安全管理与溯源等提供新方法、新思路、新手段、新模式,对加快我国转变农业生产方式、建设现代农业具有十分重要的意义。

9.2　大田种植智能决策的需求

大田种植智能决策技术应用是实现农业现代化的重要标志。随着中国人口老龄化问题的日益严重,直接从事农业生产的劳动力,尤其是从事繁重的田间劳作的劳动力,年龄普遍偏高,人力资源严重不足,产业成本逐年增高。同时,中国还面临着土壤肥力逐渐下降、耕地资源不断缩减、水资源短缺、农村地区环境污染不断加重和农业生产成本快速增高等严重制约农业健康发展的问题。近年来,随着设施农业、精准农业和人工智能技术的发展,特别是土地流转与农业生产规模化、集约化的加剧,以及人工作业成本的不断攀升,大田种植智能决策技术与智能装备研制成为改变传统种植模式、改善种植条件、提高种植生产效率、降低种植成本和损耗、增强种植业综合生产能力以及提高科研能力与水平的关键,也是国际现代种植业前沿技术竞争焦点之一。

在种植生产中,传统种植模式主要依靠积累的历史经验或手艺来进行判断、决策和执行,以"人"为核心,这也导致了整个种植生产环节存在效率低、波动性大、农作物或农产品质量无法控制等问题。为解决上述问题,国内外都在开展相关大田种植智能决策技术与装备的研究。信息化和智能化技术的长足进步,为大田种植智能决策技术与装备的研发打下了坚实的理论基础。农作物的大田种植智能决策技术应用可以提高劳动生产率,解决劳动力不足的问题,改善农业生产环境,提高作业质量。数字种植相对于单纯人工种植能够更大范围地激活全区域的多个生产单元,超越了时间和空间的限制,更能适应现代化种植的新发展趋势。新的大田种植智能决策技术与装备的问世,将彻底改变传统的种植模式,将农民从繁重的劳作状态中解放出来。随着经济社会的不断发展,大田种植智能决策技术与硬件装备智能化程度快速上升,经营成本也在不断下降,从而令大田种植智能决策技术与智能装备的市场优势日益凸显。与此同时,新一代大田种植智能决策技术将对种植生产资源重新配置与融合,以数字化技术作为驱动力,推动发展高效种植、绿色种植、智能种植,提高农业种植质量效应和竞争力,让传统农业种植向现代数字化农业种植转型。

围绕国家的粮食安全需求,大田种植需要加快提升智能决策关键技术的研究和应用。第一是要加快发展数字农情,利用卫星遥感、航空遥感、地面物联网等手段,动态监测重要农作物的种植类型、种植面积、土壤墒情、作物长势、灾情虫情,及时发布预警信息,提升种植业生产管理信息化水平。第二是要加快建设农业病虫害测报监测网络和数字植保防御体系,实现重大病虫害智能化识别和数字化防控。第三是要建设数字田园,推动智能感知、智能分析、智能控制技术与装备在大田种植和设施园艺上的集成应用,建设环境控制、水肥药精准施用、精准种植、农机智能作业与调度监控、智能分等分级决策系统,发展智能“车间农业”,推进种植业生产经营智能管理。第四是要实施农业机器人发展战略,研发适应性强、性价比高、智能决策的新一代农业机器人。开展核心关键技术和产品攻关,研制适应不同作物、不同作业环境,可完成嫁接、扦插、移栽、耕地等作业的普适性机器人及专用机器人。

9.3 大田种植智能决策的关键技术

大田种植是农业的重要基础。新形势下,农业的主要矛盾已由总量不足转变为结构性矛盾。加快转变农业发展方式,是当前和今后一段时期农业农村经济的重要任务。以物联网、智能装备等信息技术为中心的新一轮科技革命和产业变革正蓄势待发。针对新形势下国家粮食安全战略和藏粮于地、藏粮于技战略,在大田种植智能决策方面开展农业关键共性技术研究,将有力推进信息技术在大田种植科研和生产中的创新。

9.3.1 农业无人机技术

农业无人机(见图 9-1)作为灵活的搭载平台,具有任务载荷多样化、起降作业局限性低等优势,与激光雷达系统结合,搭建近地信息采集平台和基于无人机平台的大田信息快速采集平台,可以获取大面积田间作物三维表型数据。农业无人机与传统的高分辨率相机、高（多）光谱成像传感器等相互补充,在农作物的调查、监测、管理等方面,能够提供多源数据支撑,辅助水稻、小麦、玉米等粮食作物种植的数字化、精准化、智能化管理,为农业从业人员提供更便捷高效的田间管理方案,降低运营成本,提产提质增收。

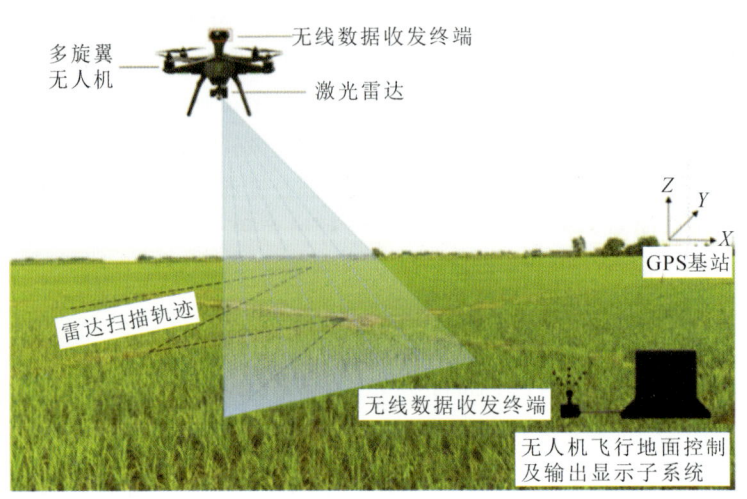

图 9-1　农业无人机

农业无人机可实时、动态、海量采集高精度点云数据及丰富的影像信息,满足精细田间作物表型信息采集的需求,提供数据采集、处理分析、定制化报告的一站式激光雷达巡检方案,为农田规划、作物监测、病虫害防治、农事管理提供高效可靠的作物种植生产智能管理策略,实现田间作物表型监测、作物长势营养精准监测、主要病害识别与灾情监测评估、产量与近地遥感监测预报等功能。图 9-2 所示为农业无人机的应用。

（1）田间作物三维表型测量　田间作物表型信息反映了作物生长发育规律与其生长环境的关系,传统的田间作物表型信息的采集通过人工手动测量方式获取,耗时耗力且数据客观性差,无法很好地满足作物表型研究对数据质量以及观测样本数量的需求。将激光雷达作为核心传感器的无人机田间作物表型数据获取平台,能够提供毫米级精度的表型结构信息,如作物叶倾角、叶面积密度、叶面积指数、作物三维体积等三维结构参数,满足精细田间作物表型信息采集的需求。

（2）作物长势营养精准监测　使用无人机激光雷达数据反演作物高度与植被指数,进行作物的生长过程监测,为作物生产管理决策提供依据。利用激光

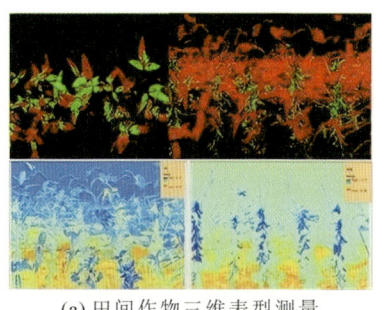

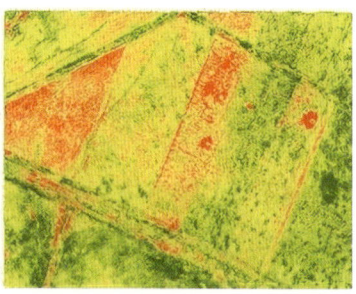

(a) 田间作物三维表型测量　　　　(b) 作物长势营养精准监测

(c) 病害识别与灾情监测评估　　　　(d) 产量与近地遥感监测预报

图 9-2　农业无人机的应用

点云数据计算得到数字高程模型(DEM)和数字表面模型(DSM),用两者的差值可以快速得到作物高度分布结果,进而开展重点作物长势信息的空间结构分析;结合光谱指数数据,实现作物的营养胁迫等生理参数的精确监测。

(3)病害识别与灾情监测评估　结合光学图像、物联网传感器数据,运用图像自动识别、深度学习技术,基于大数据及专家知识形成病害识别模型,发展新一代监测预警技术,实现作物病虫害及灾情监测预警自动化和智能化,为确保国家粮食安全和生态安全提供强有力的科技支撑。

(4)产量与近地遥感监测预报　快速、实时、大范围地获取反演作物生长和生产力指标的数据可构建产量预测模型;进行区域尺度的遥感监测空间分布分析、提供不同长势和产量的空间分布图,可为作物诊断和经验性施肥等提供定性或半定量化的管理措施。

9.3.2　农业遥感技术

遥感技术作为一门先进的实用技术,被广泛应用于多个领域,农业是遥感技术应用最重要和最广泛的领域之一。随着我国农业生产向集约化方向转变,作物生产对空间信息,特别是对动态、大范围、快速及时的遥感信息需求非常迫切。遥感技术具有快速、无损获取地物信息的特点,其迅猛发展能够为农业生产过程管理提供必要的信息。在我国,农业遥感应用主要涉及农田辐射传输机理及作物参量遥感反演、作物遥感分类与识别、农田养分遥感与变量施肥决策、作物产量与品质预测、农情遥感监测与预报、农业遥感监测空间决策支持系统等几个方面,涵盖了农业遥感机理、模型和应用等多层次和多方面的研究与应用。随着空间技术的发展,农业遥感已逐渐形成以低、中、高空多层次遥感相结合,静态与动态相结合,机理与应用相结合的发展趋势。遥感和计算机技术的广泛应用,促使农业生产过程向机理化、定量化和精准化的方向发展,农业科技水平正逐步提高。

1. 作物长势监测与产量估算

农业定量遥感技术是通过研究和改进经验模型和辐射传输模型,着重建立作物与农田环境参数的遥感定量反演技术,以实现利用遥感数据定量获取有关作物生长的关键生物理化参数,为作物生长模型、数据同化系统以及作物估产等研究提供可靠的输入参数,并且能够为实际的田间农业管理提供有价值的参考信息。

(1)作物长势遥感监测。作物长势遥感监测指标主要采用能反映作物生长状况的相关遥感指标,如植被指数、叶面积指数和生物量等,其中植被指数应用最为广泛。作物长势遥感监测方法主要包括统计监测法、年际比较法和长势过程监测法。其中,统计监测法主要基于遥感技术和统计模型获取与作物长势密切相关的农学指标,然后对区域作物参数进行分级,从而获得作物苗情、长势监测结果;年际比较法主要利用年际间的遥感指标差值或比值进行作物长势分级和实时监测,为早期作物估产提供作物产量丰歉的依据;作物长势过程监测法主要采用当年、去年和多年平均植被指数-时间序列曲线和变化速率对作物长势进行比较和判断。目前,常用作物长势监测方法均偏向于定性长势监测方法。近年来,随着作物生长模拟模型的发展,利用机理模型进行作物长势指标(如作物叶面积指数、作物生物量等)定量模拟和长势监测的研究也在陆续开展。

(2)作物产量遥感估算。目前,国内大面积作物产量遥感估算模型主要分为3种,即经验模型、半机理模型和机理模型。经验模型主要利用遥感反演的作物生长状况参数(如各类光谱植被指数等)、作物结构参数(如叶面积指数、生物量等)、作物环境参数(如温度、降水、太阳辐射和土壤水分等)等与作物单产结果直接建立线性或非线性统计模型。半机理模型又称参数模型,主要利用遥感技术获得作物净初级生产力或作物生物量,在此基础上通过收获指数进行修正,从而获得作物单产计算结果。机理模型主要利用作物生长模型进行作物单产模拟,该类模型最大的特点是机理性强,面向过程,但该类模型需要的输入参数多,在一定程度上限制了作物生长模型在大范围作物估产中的广泛应用。

2. 作物病虫害遥感监测与预测

作物病虫害遥感监测主要依赖于作物受不同胁迫影响后发生的光谱响应。作物在受到病虫侵染后,色素系统常被破坏,产生病斑、伤斑,导致可见光波长范围的反射率改变。当侵染加重后,植株的整体性损伤会显现,如细胞破裂、植株萎蔫等,进而引起近红外谱段、短波红外谱段的反射率改变,以及一些对植被健康状况敏感的特征变化。

(1)可见光成像遥感。使用无人机搭载可见光传感器,如数码相机与 RGB 传感器,可以获得可见光影像(红、蓝、绿波段)。目前,可见光成像遥感在作物病虫害胁迫领域已被广泛应用。采用较低成本的可见光成像遥感可以方便快捷地对作物病虫害胁迫进行监测,并且也能取得不错的识别效果。开发基于可见光成像的无人机遥感监测作物病虫害胁迫系统能以更大的经济优势获得推广普及,从而助力农业高效生产。

(2)多光谱成像遥感。多光谱成像遥感是指利用具备两个或多个光谱通道的遥感传感器,对地物目标进行同步成像的技术。该技术通过接收和记录地物反射的电磁辐射信号并将其分解为若干个窄波段,从而获取不同波段下的光谱信息,用于提取地物的光谱特征并实现对目标的识别与分析。在利用无人机搭载多光谱传感器遥感监测作物病虫害胁迫时,通常获取不同时空、冠层等 $2\sim5$ 个波段遥感影像开展相关研究。大量研究表明,使用统计分析方法和机器学习方法可较准确地评估作物病虫害胁迫的程度、类型和位置等。与可见光成像遥感相比,多光谱成像遥感能获取更多的光谱信息,使监测结果更为准确有效。

(3)高光谱成像遥感。基于无人机搭载高光谱传感器遥感监测病虫害胁迫的作物主要有小麦、水稻、柑橘等。与无人机搭载多光谱传感器遥感监测作物病虫害胁迫的方法不同,高光谱影像分辨率高、数据量大,相邻光谱波段相关性高,具有空间域和光谱域信息。与可见光成像遥感和多光谱成像遥感相比,高光谱成像遥感具有连续光谱、更多波段和数据量更大等特点,因此很多研究能实现更好的作物病虫害胁迫遥感监测效果。此外,随着数据处理方法的发展,基于深度学习的方法已能更好地利用高光谱图像开展相关研究并取得相较于传统机器学习方法更好的效果。但是,如何更好地挖掘并使用高光谱遥感图像中病虫害光谱的变化特征,仍然是实现高光谱遥感监测大面积作物病虫害胁迫的重点和难点。

(4)热红外成像遥感。热红外(thermal infrared,TIR)成像遥感监测主要针对温度的差异进行分析。然而,由于遥感监测易受风、云和雨等恶劣天气因素的影响,当前 TIR 成像遥感监测作物病虫害胁迫面临巨大的挑战。目前,TIR 成像遥感监测在作物病虫害胁迫方面的研究相对较少。研究人员在利用 TIR 传感器遥感监测作物病虫害胁迫时,通常主要监测作物冠层温度的差异,从而对健康和受病虫害胁迫的作物进行分类。

(5)激光雷达成像遥感。激光雷达(light detection and ranging,Li-DAR)成像遥感监测作物病虫害胁迫,依据激光反射强度来分析作物的病虫害程度,一般提取作物水平以及垂直结构的冠层信息,如株高、生物量等。此外,激光雷达还可以获取虫群飞行方向和运动轨迹。当前,适用于无人机的机载激光雷达价格较贵(通常需 5 万~15 万元人民币),使用激光雷达获取点云等数据的方法和处理算法与模型还有待改进。使用无人机搭载激光雷达遥感监测病虫害胁迫方面的研究大都应用在林业,且多与其他遥感影像数据融合进行病虫害胁迫的监测。

9.3.3 作物生长模拟模型技术

作物生长过程是一个涉及作物基因、生长环境、管理措施等诸多变化因素的复杂巨系统,作物生长过程模拟一直都是作物生长过程数字化研究的重点内容之一。作物系统模拟就是运用系统分析的原理和方法,对作物生长发育及生产力形成过程与环境、技术、品种之间的动态关系进行定量表达,并构建作物生长模拟算法。因此,作物生长模型能够帮助人们理解和认识作物生长发育过程的基本规律和量化关系,并对作物生长系统的动态行为和产量品质进行定量预测,从而辅助作物生长和生产系统的优化管理和定量调控,实现高产、优质、高效、生态、安全的作物生产目标。

1. 作物生长模拟模型总体研究思路

作物生长模拟模型(见图 9-3)总体研究思路如下:

(1)针对作物生长过程特点开展基于 Agent(智能体)的协同技术、气象模型仿真技术、作物数字建模技术、作物生长协同决策方法等数字化关键技术的研究,并依据采集的作物环境和形态信息建立作物生长数字化模拟模型。

(2)开展大田作物生长过程形态参数监测和作物三维形态数据获取、处理、存储、管理技术研究,并在此基础上构建基于物联网的作物环境、形态大田信息实时采集系统。

(3)针对作物生长过程中的作物器官、植株形态变化、环境影响和群体生长影响等因素,开展基于关键帧的三维仿真技术、作物生长过程纹理动态生成技术、作物生长动态智能交互技术、环境三维仿真技术和作物群体生长动态三维描述的研究,构建不同作物器官、植株形态模拟模型,实现不同环境条件下作物生长过程的三维可视化和群体生长三维可视化表达。

（4）耦合作物生长模型、环境仿真模型与作物形态三维可视化模型，建立作物生长数字化管理平台和作物生长过程三维可视化展示平台，实现作物生长的数字化管理和三维可视化表达，为作物理想株型筛选，高产、高效、抗倒伏作物群体设计与优化提供有力技术支撑。

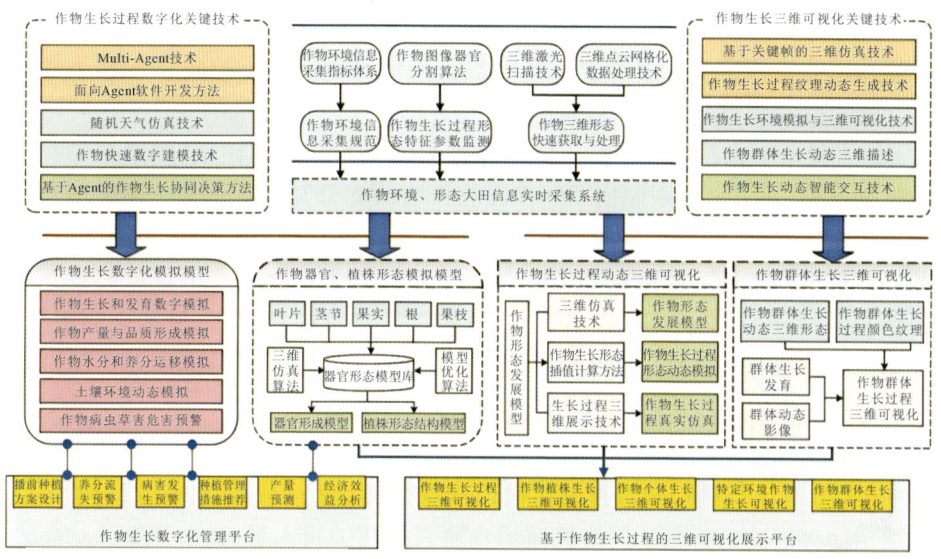

图 9-3　作物生长模拟模型

2. 作物生长模拟模型智能决策功能

作物生长模拟模型技术将作物生理生态过程及其生长发育影响因素进行定量化，把"作物-环境-管理措施"系统解析为若干个模型，各模型之间相互依赖、相互制约，实现生理生态过程的有效耦合与协同。其主要分解模型及其功能如下：

（1）作物生长模型　计算作物叶片和植株叶面积；根据光合有效辐射计算每日潜在干物质生产量，结合温度、水分和氮素对光合作用的影响，确定每日实际干物质生产量；生长期末计算植株氮素吸收与分配，即植株和各器官的含氮量与含氮率。作物在每个生长阶段都有生长中心和光合物质分配原则，在籽粒灌浆期优先供应籽粒，如果当日光合物质量小于籽粒日增长量，则全部供应给籽粒，其余从茎秆中调用补充。

（2）作物发育模型　以小麦为例，将小麦发育过程分为 7 个阶段，即播种—发芽、发芽—出苗、出苗—拔节、拔节—挑旗、挑旗—抽穗、抽穗—籽粒形成、籽粒形成—生理成熟。发育阶段的接替以温度、水分、光周期和遗传参数等作为限制条件,遗传特性参数可以由用户自己输入,也可以利用系统中的调试程序自动生成。玉米、水稻等其他作物过程类似。

(3)水分平衡模型　依据土壤水分运动原理、土壤水分状况、作物对水分的吸收特性建模。将 2 m 土壤深度平均划分为 10 层,根据天气数据和实际输入的基本参数,计算出土壤水分限制参数后,计算水分渗漏、径流、土壤蒸发、植株蒸腾、根对水分的吸收值。其中模拟潜在蒸腾采用 Priestly-Taylor 方程,径流计算采用曲线数字法。由模型计算出的水分限制因子将影响每日作物干物质生产量和叶面积增长量。

(4)氮素平衡模型　模拟土壤中有机质的氮素矿化和固定、氮素损失和作物吸收过程,通过氮素限制因子间接影响作物的光合与叶片生长。该模型与水分运动密切相关,按照水分的上下移动针对各层氮含量进行计算和数据更新。首先计算土壤有机质的矿化,若遇到当日施肥,则先计算肥料中释放的铵态氮和硝态氮,再与土壤矿化氮合并;之后分析硝化和反硝化过程、氮素限制因子,计算作物植株和各器官的氮素吸收量;最后计算因为水分下移而引起的淋洗出 2 m 深度土体的硝酸盐量,并估计对地下水造成的影响。

(5)经济分析模型　设立最高产量、最大投入/产出比、最小投入、最高收益 4 种模拟目标。根据用户选择的年代、品种,经模型运行后,给出最佳品种、最适播期和播种密度的推荐。同时按照用户输入的相关投入量,自动计算预测年度的总投入、产出及净收益,用户根据系统分析结果进行判断和决策。

(6)气象仿真模型　为了满足作物生长模拟模型对长序列气象数据的需求,采用随机天气仿真技术,开展逐日气象数据的气象仿真随机模型研究。气象仿真模型分为以干湿期为独立随机变量的干湿期模型部分和依据干湿期模型生成其余天气变量的模型部分。其天气要素的生成分为两个步骤:首先根据月经验分布值产生一个干期或湿期长度,之后生成干期或湿期的逐日值。

所构建的作物生长模拟模型可以根据用户输入的品种特性、土壤特征及栽培管理措施,模拟不同地点、不同年代的作物的内在生理过程,包括叶面积增长、有效光能吸收及光合产物形成、水分和养分在作物-土壤系统中的运转过程、各生育阶段的更替等,最终实现产量和生育期模拟、主要生产性状展示、作物生长水肥环境评价等。

9.3.4　农机智能作业技术

农机装备是融合生物和农艺技术,集成先进制造与智能控制、新一代信息通信、新材料等高新技术的自动化、信息化、智能化的先进装备,涵盖种养加(种植业、养殖业、农产品加工业)、粮经饲(粮食作物、经济作物、饲料作物)等领域，当前的发展重点是粮、棉、油、糖等大宗粮食和战略性经济作物主要生产过程(育、耕、种、管、收、运、贮等)中使用的装备。农机装备是不断提高土地产出率、劳动生产率、资源利用率，实现农业农村现代化最基本的物质保证和核心支撑。经过多年快速发展，我国农机装备的发展已经取得长足进步，"十三五"期间及未来一段时期是我国农业装备产业由制造大国向制造强国、科技强国、质量强国转变的关键时期，需要加快创新驱动发展，推进产业转型升级。实施乡村振兴战略，要求农业装备产业拓展领域、增加品种、完善功能、提升水平，并加快向自动化、信息化、智能化方向发展。

农机装备在大田作业的种植智能决策方面主要围绕农机自动作业管理、农机作业过程精准管理、农机作业质量智能监控等开展应用。

1. 农机自动作业管理

农机自动作业主要针对小麦、玉米、水稻、棉花等大田作物作业场景，结合当地作物种植农艺，在耕、种、管、收等环节，全面推广应用自动导航作业，包括耕整地、植保作业、精量播种、条播作业等，实现农机辅助驾驶、直线行走，大幅提高大田种植的机械化作业质量、提升土地利用率。在大田种植耕、种、管、收等主要作业环节，推广无人驾驶机械化作业，针对旱田、水田不同生产场景，结合地区作物种植农艺，实现少人化或无人化作业，包括秸秆还田、耕整地、施肥、植保等作业环节，大幅减少农业生产人力成本，提高规模化生产经营能力。

2. 农机作业过程精准管理

(1) 精准耕整地。

精准耕整的目的是为作物生长提供良好的种床。智能耕整农机应能根据作业的种植农艺要求和土壤质地对作业机具的位置、姿态、压力和作业深度等进行精准控制。目前，液压系统、传感器和电子控制系统已广泛应用于各种耕整机械中，大大提高了耕整机械的智能化水平。国内外耕整机械的发展方向是多功能、复式作业、大型化和精量化，对智能化水平提出了更高的要求。整合智能化农机具技术、车联网技术，对耕整地作业车辆进行智能化改造，实现深松、深翻、旋耕、振压、耙地等作业过程的精准监控，包括宽幅轨迹、作业深度、土壤压实度等指标，确保耕整地环节作业质量。

(2) 精准播种。

农机装备在播种环节，依据土壤肥力分布数据和作物历史产量数据，建立种肥投放处方地图，动态调节智能播种机具的播种密度，因地制宜精确投放种子和化肥，提高播种投入产出比。精准播种是农作物种植的关键之一。智能种植机械能够根据不同作物生长特性、土壤特性和种植时的气候情况实现精准播种和移栽,包括开沟宽度和深度,同步施肥方式,行距、穴(株)距,播种量和覆土深度等。

(3)精准施肥。

农机装备在施肥阶段,依据土壤肥力配方地图,动态调节作业机具,实现精细化肥料施用,减少农资浪费和环境污染。精准施肥主要包括施基肥和施追肥。作物种植前精确获取土壤中的养分情况是精准施基肥的前提。目前,田间实时在线测量土壤中的氮、磷、钾含量的技术尚未取得实质性突破,主要利用卫星定位信息进行田间取土并在实验室中分析获得土壤中的养分分布图,然后根据养分分布图和养分处方图,采用智能施肥机实现精准施肥。实践证明,精确获取作物的长势和养分胁迫情况是精准施追肥的基础。

(4)精准植保。

农机装备在植保阶段,依据作物长势监测技术,动态调节喷药机具,实现精细化农药喷洒,避免重喷、漏喷等情况。精准植保的机械主要包括地面施药机械和航空植保机械,根据作物病虫草害信息制定的处方图进行精准对靶变量喷施。喷雾压力可调、喷雾流量可调等先进技术已广泛应用于地面施药机械和航空植保机械中。

(5)精准收获。

对精准收获的基本要求是根据作物成熟度适时收获,根据作物长势和产量自动调节收获机的前进速度、割台高度、脱粒滚筒转速和清选等工作参数,对各部件的工作状况实现监控、显示和报警。目前,国内外的收获机械普遍采用电子和液压技术,实现了上述功能,还可以生成产量分布图。

3. 农机作业质量智能监控

农机装备通过传感器、模型构建技术等,实现作业监控,实时掌握作业进度、精确评估作业质量。包括农机实时定位、作业实时轨迹、作业面积统计、播种质量监控、深松深翻质量监测、秸秆覆盖监测等功能。

(1)耕整地监控(见图9-4)。

农机装备通过安装监控设备,远程监控深松、深翻等作业效果,实现实时作业亩数计算,可以通过APP/PC平台远程查看作业质量、计算作业收益,为作业补贴发放提供数据支撑。

(2)秸秆还田监控(见图9-5)。

针对秸秆还田作业场景,农机装备进行了智能化改造,集成视觉人工智能技术,对还田均匀度、覆盖度等指标进行自动化监测,平台端可远程查看当前和历史数据,有效监控还田作业质量。

(3)施肥作业监控。

图 9-4　耕整地监控

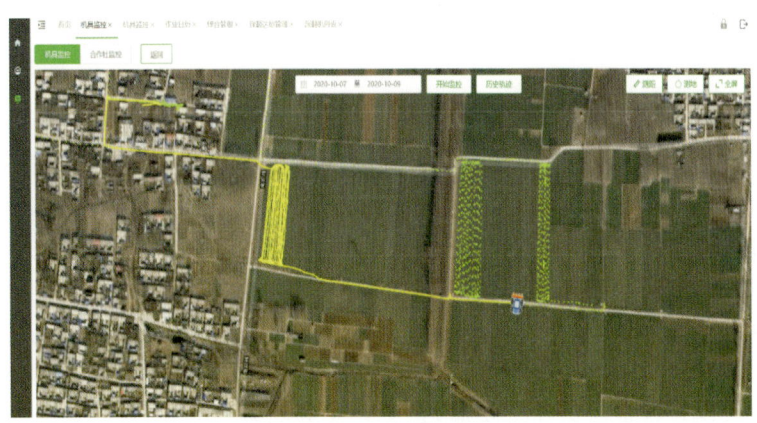

图 9-5　秸秆还田监控

农机装备基于施肥监控传感器技术,结合农业机具的幅宽信息,精确监控植保作业质量,精准监测施肥量,监控漏喷、重喷等情况。

(4)播种作业监控(见图 9-6)。

针对作物播种场景,农机装备基于播种传感器监测技术,实现播种质量实时监测,包括播种量、重播/漏播报警、堵塞报警、播幅轨迹等,有效防止缺苗断垄情况。

(5)作业记亩统计。

图 9-6　播种作业监控

农机装备基于车载高精定位,结合记亩图形算法,实现实时作业记亩功能,精确统计作业面积,方便农机手与种植户间的作业结算,高效、便捷、省时省力。

9.4　大田种植智能决策的应用案例

9.4.1　无人农场

无人农场是大田种植智能决策应用的重要案例。无人农场以生物技术、智能农机和信息技术为支撑。生物技术为无人农场提供适应机械化作业的品种和栽培模式,智能农机为无人农场自动化作业提供装备支撑,信息技术为农机作业的精准定位、数据传输和智慧管理提供支撑。无人农场采用 4G/5G、物联网、大数据和人工智能等新一代信息技术远程控制各种智能农机,使之自主决策和自主作业,实现各个生产环节的智能化。智能农机具有智能感知、自动导航、精准作业和智慧决策 4 个功能,是无人农场的装备支撑,是农业机械的转型升级。国内外实践表明,提高农业机械化和智能化水平可以大幅度提高劳动生产率、资源利用率和土地产出率。只有在智能农机的支持下,无人农场才能成为现实。

1. 华南农业大学无人农场实践

华南农业大学集成相关的智能农机装备,创建了水稻无人农场并在广东增城进行了实践(见图 9-7)。2020 年,中稻试验面积为 1.87 hm²;2021 年,早稻和晚稻试验面积合计为 3.33 hm²。增城水稻无人农场从 2020 年 5 月 3 日开始旋耕,至 2020 年 8 月 30 日收获,历时 120 天,实现了水稻生产耕、种、管、收全程无人作业。该水稻无人农场上述 3 次试验的稻谷单位面积平均产量均高于当地的单位面积平均产量,显示了其巨大的发展潜力。2021 年,增城早稻生产采用优质丝苗米品种"19 香",平均产量为 9943.35 kg/hm²,高于当地的平均产量 7500 kg/hm²。

水稻无人农场具有耕、种、管、收生产环节全覆盖,机库田间转移作业全自动,自动避障、异况停车保安全,作物生产过程实时全监控和智能决策精准作业全无人等特点。

(1)耕、种、管、收生产环节全覆盖,即覆盖农作物生产中的耕整、种植、田间管理(水、肥、药)和收获的各个环节。

(2)机库田间转移作业全自动,即农机装备自动从机库转移到田间,完成田间作业后自动回到机库。

(3)自动避障、异况停车保安全,即在农机装备转移和作业过程中能实现自动避障,遇到异常情况能自动停车,以确保安全。

(4)作物生产过程实时全监控,即能对作物生产过程中的长势和病虫草害情况进行实时监控。

(5)智能决策精准作业全无人,即能根据作物的长势和病虫草害情况及时做出决策并自动进行精准作业,包括精准灌溉、精准施肥和精准施药等。

(a)无人驾驶旋耕机旱旋耕作

(b)无人驾驶水稻旱直播作业

(c)无人驾驶高地隙喷雾机施药作业

(d)无人驾驶主从收获机(等待卸粮模式)

图 9-7　华南农业大学无人农场实践

水稻无人农场实现了耕、种、管、收全程无人化,提高了作业质量和作物产量,降低了生产成本,可实现 24 小时不间断作业,为解决谁来种地提供了一条切实可行的途径。华南农业大学建设的水稻无人农场表明了其在发展数字农业中的巨大潜力,也为我国无人农场建设发挥了示范作用。数字化感知、智能化决策、精准化作业和智慧化管理将是无人农场发展的方向。

2. 山东理工大学无人农场实践

无人农场实现了远程种田,即使农场主不在农场,也能实现精准管理,让一个人管理上千亩农田成为可能。从无人农场的三大功能(即农田信息的自动采集和处理、科学决策、无人农机的远程控制)来说,无人农场需要三大技术体系支撑:一是以物联网技术为支撑的天空地一体化的农情信息获取体系,二是以大数据、人工智能技术为支撑的科学决策体系,三是以农机无人驾驶技术为支撑的地空一体化无人机群协同作业体系。图 9-8 所示为山东理工大学探索出的生态无人农场模式示意图。

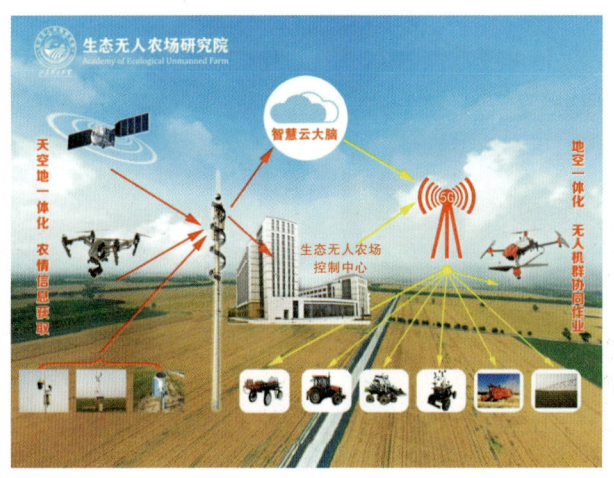

图 9-8 山东理工大学探索出的生态无人农场模式示意图

目前,山东理工大学在智慧大田种植场景下的生态无人农场模式已经基本成熟,并且于 2020 年在吉林省农安县进行了首次推广。山东理工大学生态无人农场研究团队正在向生态无人农场技术体系下的智慧渔场、智慧果园、智慧温室做探索和推进,将生态无人农场这一模式和理念进行深化,为未来农业提供宝贵的借鉴。

9.4.2 数字果园

我国果园面积和水果产量均居世界第一,果树产业在很多地区是农民增收的支柱产业,在我国的农村经济发展中占有重要的地位,但我国的果园管理和果树生产总体水平与国外先进国家相比差距较大,尤其是果园数字化、信息化和智能化管理技术的差距更大。依托数字技术,构建现代果树栽培技术体系,发展信息化和智能化果园,对我国果树产业供给侧结构性改革具有重要的现实意义,是缩短与国外先进国家差距、提高果树产业国际竞争力的迫切需要。

1. 数字果园发展方向

数字果园呈现出信息化、网络化、智能化、机械化的发展趋势,并将使果园在生产方式和管理观念上产生革命性的变化。

(1)在果园环境信息和果树养分与生理信息感知方面,综合运用图像处理和光谱分析等手段,实现果园土壤水分、养分、pH 值、质地、病虫草害等指标的实时快速监测,果树生长过程中的光照、水势、叶部形态、叶密度、果实大小、果实空间分布、产量等指标的数字化采集和动态感知。

(2)在主要果树形态结构模型构建与果园智能管理方面,融合园艺学、生态学、生理学、计算机图形学等多学科,以果树器官、个体或群体为研究对象,构建出主要果树 4D 形态结构模型,对果树及其生长环境进行三维形态的交互设计、几何重建和生长发育过程的可视化表达。数字果园技术的智能化发展,将突破果树栽培与管理专家知识的采集、存储和推理技术,将专家系统与模拟模型研究相结合、与实时信号采集处理系统甚至技术经济评估系统相结合、与精准农机具相结合,智能应用系统的产品化水平将有质的飞跃。

(3)在果园精准作业与智能机械装备方面,果园机械精准导航和控制技术、作业决策模型与作业方案实时生成技术等将会得到应用,智能化果园装备将实现果树栽植、树体管理、花果管理、肥水管理、病虫害防控等生产环节的机械化、智能化和机器人化。这样不但能减轻劳动强度,而且能抢农时,为果树生长发育创造良好条件,促进果品优质高产。

(4)在果园数字化管理平台方面,数字果园技术的网络化发展可以从根本上打破时空障碍,变革果品经营与流通模式,缩短果品从园地到餐桌的流通环节,促进产品价格、数量、质量等市场信息的快速传递,消除生产者和消费者之间的信息不对等,进入以消费者为中心的果品生产定制时代。这样,果农足不出户,就能方便地获得生产信息和市场信息,也能与专家或者同行学习和交流果树栽培技术。

总之,数字果园技术的研究与应用方兴未艾,给我国果业发展带来难得的机遇,将促进果业生产与管理发生革命性的变化,提高资源利用率和劳动生产率,使果业走上高产、稳产、低耗、高效的可持续发展道路。

2. 中国农业科学院农业资源与农业区划研究所数字果园实践

中国农业科学院农业资源与农业区划研究所智慧农业团队利用航天遥感、航空遥感、地面物联网等构建天空地一体化的果园观测技术体系,建立果园生产大数据分析与决策管理平台,推进果园资源环境及权属数字化,加强果园生产过程监测、灾害动态监测和智能作业,服务宏观管理决策,指导果园生产,推动果园数字化、网络化和智能化发展。

(1)遥感大数据驱动的果园生产精准管理总体框架。

遥感大数据驱动的果园生产精准管理总体框架以"数据-知识-决策"为主线,以果园生产数字化、网络化和智能化为目标,总体框架主要包括果园智能感知、快速诊断和精准作业等 3 个核心内容,推进农业信息技术、农学农艺与农机装备的融合应用。建立果园天空地遥感大数据管理平台,解决"数据从哪里来"的基础问题。构建果树长势、病虫害、水肥、产量等监测模型和算法,实现果园生产的快速监测与诊断,解决"数据怎么用"的关键问题。利用数据赋能作业装备,实现果园生产的精准无人作业,解决"数据如何服务"的重要问题。

(2)建立天空地一体化的果园智能感知系统。

天空地一体化的果园智能感知系统将遥感网、物联网和互联网三网融合,实现果园环境和果树生产信息的快速感知、采集、传输、存储和可视化,解决果园智能感知中数据时空不连续的关键难点,显著提高信息获取保障率,实现对果园生产信息全天时、全天候、大范围、动态、立体的监测和管理。

(3)遥感大数据驱动的果园生产智能诊断技术。

基于卫星的果园空间分布遥感调查技术,针对果园种植家底资源不清、权属不明的关键问题,利用中高分辨率全覆盖卫星影像,建立果园空间分布遥感调查技术体系,突破高精度果园空间分布遥感制图的技术瓶颈,进行果园种植空间分布调查和定期动态更新,解决"果园面积有多大"的基础问题。利用无人机遥感调查技术,以单株果树为基本单元,结合机器视觉、深度学习、模拟模型等技术,建立果树单株识别、长势监测、产量预测等技术方法,形成开放兼容、稳定成熟的果树生产全过程诊断技术体系,实现果树生长动态变化的快速监测。基于地面物联网的果树和果实精准诊断,一方面以果园气象灾害应急管理为目标,建立灾情动态监测模型及其对果树成长、果实形成造成影响的评估技术;一方面以单棵果树为对象,结合计算机视觉进行果树病虫害、秋梢率的监测;一方面以果实为研究对象,进行果花、果实的计数和树上品质诊断分析,构建单株生长模拟模型,模拟监测果实的生长过程。

总体来看,构建天空地一体化的果园智能感知系统,建立天空地遥感大数据驱动的果园生产诊断与作业决策系统,可以优化果园资源要素配置,提高果园生产率、土地产出率和劳动生产率,打造新型的果业生产发展模式。

9.4.3　天然橡胶数字平台

天然橡胶是重要的战略物资和工业原料,因具有合成橡胶不可替代的优良特性,在国防、医疗、重型制造业等多领域广泛应用,已成为世界最重要的战略性产业之一。当前,我国已成为世界第四大天然橡胶生产国,并已建成海南、云南、广东 3 大天然橡胶种植基地,植胶面积达到 1600 万亩,年产干胶近 80 万吨,为我国的国防建设与经济建设做出了巨大贡献。但是,随着我国经济的快速发展,天然橡胶的需求量急剧增加。目前我国天然橡胶的自给率严重不足,自给率从 1998 年的 48% 下降到 2021 年的 14.3%,远低于国际公认自给率安全保障线(30%),导致每年需要大量进口天然橡胶以满足国内生产需求,我国也因此成为世界上最大的天然橡胶消费国和天然橡胶进口国。

新形势下,我国天然橡胶产业面临的发展不平衡、不充分的矛盾日益凸显:一是市场需求量越来越大,而产量增长速度缓慢,自给率下降趋势明显;二是生产成本越来越高,而经济效益逐年下降,国内供给市场波动大;三是高品质天然橡胶原料供给不足,低端原料占比过大,战略性用胶领域存在巨大的潜在威胁;四是单产水平增长缓慢,信息技术应用程度低。这些矛盾严重影响天然橡胶产业的可持续发展和我国的战略物资安全。为有效解决当前问题,迫切需要创新技术以提升天然橡胶的种植繁育能力、提高天然橡胶原料的品质、降低天然橡胶的生产加工成本,不断摸索创新,为我国天然橡胶产业注入新动力。因此,发展天然橡胶产业数字化是有效解决以上诸多问题的重要路径。综上,当前及今后一段时间是推进天然橡胶产业数字化发展的重要战略机遇期,应大力提升天然橡胶数字化种植与生产管理智能决策、病虫草害智能监控、自动化采胶与加工应用、全产业链数据信息采集管理与智能决策应用等数字化平台的建设水平,加快数字天然橡胶科技创新与智能技术和产品的研发、集成与推广应用,实现数字天然橡胶产业技术产品的推广模式创新和产业化。

中国热带农业科学院科技信息研究所长期开展天然橡胶数字化平台建设工作,研发了智能种苗繁育工厂、水肥一体化应用、生产要素监测、病虫草害监测预报、自动化采胶与加工、全产业链大数据集成与应用等热带农业数字化相关技术,在智慧天然橡胶栽培、病虫害智能测报、智能高效育种、数字化管理等方面积累了大量种植数字化的经验和案例。

1. 天然橡胶水肥一体化应用

综合物联网、云计算、大数据、移动互联等现代信息技术研发智能水肥一体化系统,为作物精准灌溉和科学施肥提供服务。如图 9-9 所示,智能水肥一体化系统汇集作物种子、种植环境、生长态势和肥料农药等信息,结合种植专家经验,通过数学模型形成最佳水肥一体化灌溉方案,并根据反馈的种植结果信息,持续对数学模型和方案进行优化和调整。

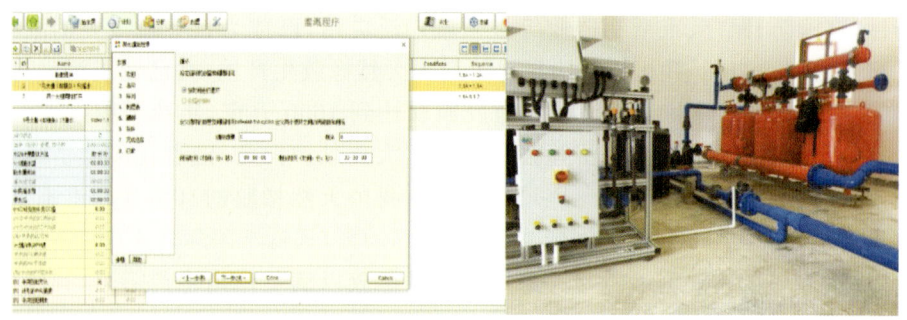

图 9-9　天然橡胶水肥一体化应用

2. 天然橡胶农情遥感监测分析

根据多年的气象数据,选取太阳辐射指数、空气温湿度、土壤温湿度等关键因子,并结合遥感影像,应用 3S 技术开展了天然橡胶产胶潜力估算、海南省农业干旱综合监测、天然橡胶干旱动态监测及其影响定量评估、海南省洪涝灾害遥感监测、橡胶园台风灾害评估、海南省植被覆盖遥感监测、海南省历年干旱情况分析,研究不同气象环境对海南省橡胶生长及产量的影响,为天然橡胶种植与生产智能化管理提供技术支撑。

3. 天然橡胶病虫草害智能监控平台

如图 9-10 所示,基于互联网+植保大数据平台,构建病虫草害监测、远程诊断和防治技术体系。首先,明确了国内橡胶树主要病虫草害的发生情况、动态消长规律及危害特点,建立了病原优势种群的快速分子检测和基因条形码数据库。其次,研制出兼治橡胶树多种叶部病害的农药新产品"保叶清"及其热雾剂型和飞防剂型,并将大载荷无人直升机应用于橡胶树叶部病虫害的防治。最后根据橡胶树不同区域的栽植模式、立地环境、病原优势种群、为害特点以及物候特征,研发了橡胶树叶部病害智能化无人机飞防技术与飞防专用药剂,以及消灭橡副珠蜡蚧、橡胶叶螨等害虫的产品,为橡胶树病虫害疫情监测预警及防控提供了技术支撑。

4. 天然橡胶种植业智能信息管理与决策应用平台

如图 9-11 所示,基于天然橡胶全产业链大数据资源应用试点,建设了一个天然橡胶全产业链大数据资源采集与存储、分析处理以及应用服务等体系;研

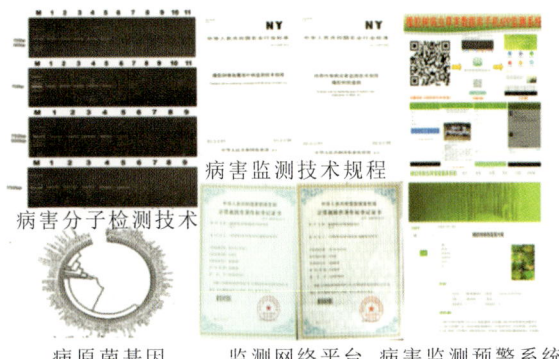

病害分子检测技术

病害监测技术规程

病原菌基因
条形码数据库

监测网络平台 病害监测预警系统

图 9-10　天然橡胶病虫草害智能监控平台

发天然橡胶全产业链大数据平台,汇聚天然橡胶的品种、生产、初加工、贸易、价格、成本、收益等全产业链数据资源,开展天然橡胶产业数据的采集、加工、流通、存储和挖掘分析工作,实现单品种全产业链大数据应用落地及供给侧结构性改革新突破,为涉及天然橡胶的政府部门、经营主体、科研机构、胶农提供专业权威的数据服务,为天然橡胶产业科技研发、生产、加工和应用助力,示范引领热带农业农村大数据建设。

图 9-11　天然橡胶种植业智能信息管理与决策应用平台

第 10 章
设施种植智能决策

10.1　设施种植业的发展情况

现代设施种植业是利用现代信息技术、生物技术、工程装备技术与现代经营管理方式,为植物生长提供相对可控的环境条件,在一定程度上摆脱自然依赖进行高效生产的农业类型,涵盖设施种植和提供支撑服务的公共设施等。其中设施种植包括日光温室、连栋温室和植物工厂以及不改变耕地地类的拱棚、塑料大棚等种植类型,温室为其典型代表;公共服务设施包括产前的集约化育苗、产后的冷藏保鲜、冷链物流和仓储烘干等。当前,我国已迈上全面建设社会主义现代化国家新征程,经济发展和城乡居民消费加快升级,食物消费需求日益多元,发展现代设施种植业任务紧迫、意义重大。

设施种植智能决策需求不仅关系到粮食和重要农产品的稳定供给,还关系到农业现代化和农民增收致富的现实需要。推动设施农业的发展,是确保农业生产可持续性和增强农业竞争力的关键路径。

第一,保障粮食和重要农产品稳定安全供给的现实需要。在我国,主要粮食品种的供给总体充足,但仍存在结构性矛盾,特别是在耕地和水资源日益紧张的背景下,满足人民日益多元化的食物需求面临着巨大的压力。因此,加快现代设施农业建设显得尤为重要。现代设施农业可以有效拓展农业生产的边界,不仅在确保粮食供给方面发挥重要作用,还能够保障肉类、蔬菜、水果和水产品等各类食物的稳定供给。

第二,推进农业现代化、助力农业强国建设的现实需要。现代设施农业是农业现代化的显著标志,世界农业发达国家普遍将其作为增强农业国际竞争力的重要手段。广泛应用先进技术和要素,提高农业资源利用率、劳动生产率和土地产出率,可以有效推进设施农业的集约化、标准化、机械化、绿色化和数字化发展。加快建设现代设施农业,对于促进农业农村现代化、夯实农业强国建设的基础具有重要意义。

第三,拓宽农民增收致富渠道的现实需要。增加农民收入是"三农"工作的核心任务。目前,农民的经营增收空间逐渐缩小,外出务工增收速度放缓,持续增收的压力越来越大。加快建设现代设施农业,通过引进先进适用的新技术、新品种和新装备,可以促进农业经营效益的提升,带动农民就业增收,从而有效拓宽农民增收致富的渠道,让农民的生活更加富裕。

目前,设施种植业正面临由传统向现代转型的关键时期,发展节能节本、高产高效的新型现代设施种植业,推进绿色化、标准化、机械化、智能化生产,稳步提升优质果蔬等的供给能力是当前的主要任务。当前发展设施种植业的主要现状如下。

1. 保障粮食与"菜篮子"产品稳产保供

设施种植业发展的主要任务是实现粮食和"菜篮子"产品的稳产保供,强调存量改造与增量拓展并重,发展节能节本、高产高效的新型设施种植业。加强非耕地资源的开发利用,创新研发具有引领性和前瞻性的关键技术,推进生产过程的绿色化、标准化、机械化和智能化,稳步提升优质果蔬等产品的供给能力。

2. 传统优势产区设施种植业现代化升级改造

针对黄淮海、环渤海、长江流域和西北地区等设施种植业传统优势产区,需全面推进老旧低效设施的改造升级,推广现代信息技术和设施装备,推动产业提档升级。例如,通过改造棚型结构、推广新型复合保温墙体和热浸镀锌钢架结构,提升保温设施的蓄热性能和生产作业空间;升级设施装备,推广自动化调控设备、省力化作业装备和环境监测设备,提升设施农业的机械化、自动化和智能化水平;同时,推广新型技术,探索节能模式,推广绿色生产技术和智能运维管理。

3. 开发非耕地设施种植业

非耕地设施种植业开发的任务是以生态保护和资源合理利用为前提,重点开发戈壁和盐碱地等土地后备资源。在西北戈壁、黄淮海和环渤海盐碱地等地区,有序推进现代设施农业园区的开发,增加非耕地设施种植业的面积。例如,发展蓄热保温、无土节水的戈壁设施农业,建设装配式日光温室和大跨度多源蓄热型塑料大棚;发展节能防寒、高效绿色的盐碱地设施种植业,推广节能日光温室和大跨度塑料大棚,提升温室和大棚的保温防寒和通风散热能力。

4. 发展建设都市设施种植业

在大中城市及其郊区,发展现代都市型智慧设施农业是当前的重要任务。建设一批智能调控的连栋温室和植物工厂等高端生产设施,形成布局合理、高产高效的现代设施种植业标准化园区。例如：发展立体化种植，建设垂直农场，提升空间利用率；推广无土化栽培，建设基质栽培系统和营养液循环系统，推行智能化管理；加快智慧温室生产管控系统建设，实现环境因子的精准自动调控；同时，推广高效嫁接机器人、温室巡检机器人、自动植保机器人和采摘机器人等智能装备，提升现代设施育苗中心的建设水平。

5.建设现代设施育苗中心

在蔬菜和水稻生产大县合理布局建设集约化育苗中心，扩大优质种苗和商品化秧苗的供给覆盖面。建设日光温室、大跨度保温塑料大棚和连栋玻璃温室等育苗生产设施，配套自动育苗装备，实现育苗全程自动化作业管理；加强环境精准调控，配置气象站、环境传感器和种苗长势视频监控系统，实现温室大棚的环境自动调控，提高育苗质量和效率。

10.2 设施种植智能决策的关键技术

智能决策技术在设施种植业中发挥着重要作用，从优化资源配置、提高生产效率、提升作物品质、减少环境影响、增强灾害防控能力到推动智能化管理，为设施农业的现代化和可持续发展提供了有力的技术支撑。

智能决策技术通过优化资源配置可以提高水、肥、光、温等资源的利用效率。传感器和物联网设备收集的环境数据，利用智能算法进行分析，能够实现精准管理，减少资源浪费。例如，水肥一体化系统通过实时监控土壤湿度和养分含量，自动调节灌溉和施肥方案，确保作物在最佳条件下生长。智能决策技术的应用可极大地提高设施种植业的生产效率。自动化控制系统能够精确调节温室内的温度、湿度和光照等环境参数，确保作物在最适宜的条件下生长。同时，自动采摘机器人、植保机器人等的应用，减少了人力作业，提高了作业效率和准确性。

智能决策技术可以实现对作物生长全过程的监控和管理，从而提升作物的品质。环境监测系统实时采集温室内的气候数据，智能控制系统根据作物的需求调整环境参数，确保作物在最佳条件下生长，提高作物的产量和质量。例如：智能补光系统根据作物的光合作用需求，自动调节光照强度和时长，促进作物健康生长；智能化的资源管理和精准控制系统，可以减少农药、化肥等农业投入品的使用量，降低农业生产对环境的污染；智能温室可以利用太阳能等可再生能源，提高能源利用效率，减少温室气体排放，促进设施农业的可持续发展。

智能决策技术促进了设施种植业的智能化管理，实现了从种植到收获的全过程信息化管理。建立智能管理平台，整合环境监测、生产管理、市场销售等各类数据,对其进行综合分析和决策,可提升农业生产的科学化和精细化水平。例如,农民可以通过智能手机或电脑,实时查看温室内的环境数据和作物生长情况,进行远程管理和调控。

10.2.1 设施种植环境控制技术

设施种植环境控制技术是通过监测和调节温室内的温度、湿度、光照、二氧化碳浓度等环境参数,来优化作物的生长环境。设施种植环境优化调控方法和技术能够显著改善作物的生产条件,提高光能资源的利用效率,从而实现高产、高效、优质的作物生产。这一技术依赖于传感器、控制器以及各种执行机构的协调工作,通过实时数据采集和分析,实现环境条件的精准调控,从而促进作物的高效生长。设施种植环境控制技术的应用,不仅提高了作物的产量和质量,还显著减少了资源的浪费和环境的负担。在实际应用中,这一技术通过传感器实时监测温室内的各项环境参数,利用控制系统根据设定的生长需求进行自动调节,从而确保作物在最适宜的环境中生长。

1. 设施种植环境控制方式的发展

从早期主要依赖人工经验进行手动调节的方式,到目前广泛应用的 PID 控制方法,设施种植环境控制技术得到了极大的提升。手动控制具有明显的滞后性和不稳定性,已经逐渐被淘汰。常规 PID 控制通过比例(P)、积分(I)和微分(D)调节温室内的温度、湿度和二氧化碳浓度,实现了环境的相对稳定控制。然而,PID 控制对于复杂的温室系统来说,仍然存在一定的局限性,尤其是在面对多变量耦合和非线性环境变化时,控制效果不尽如人意。此时,模糊控制方法应运而生,其不需要精确的数学模型,通过模糊逻辑对温室环境进行调节,能够更好地处理环境变化的不确定性,具有较强的鲁棒性。这一方法通过建立模糊规则库,将人的经验转化为控制策略,对多变量、非线性系统的控制表现尤为出色。研究表明,模糊控制在温室环境调控中的应用,可以显著提高温室内环境参数的稳定性和适应性。随着人工智能技术的快速发展,神经网络控制作为一种先进的智能控制技术,逐渐在设施种植业中得到应用。神经网络控制通过模拟人脑的思维过程进行环境预测和调节,能够自动适应环境变化,提供更精准的控制效果。它具有自学习、自适应能力,可以处理复杂的非线性系统,减少对人工经验的依赖。研究现状表明,神经网络控制在温室环境控制中的应用,可以显著提高作物生长环境的控制精度和稳定性,降低能源和资源消耗。

未来,设施种植环境控制方式将更加注重智能化和自动化,通过结合大数据、物联网和人工智能等先进技术,实现对设施环境的精准控制和优化管理。这将进一步提高作物的产量和质量,降低生产成本,推动设施农业的可持续发展。

2. 设施种植环境控制算法的分类

设施种植环境控制算法包括基于设定值的、智能的、多目标优化的、多因子耦合的和基于作物生长信息的算法等。

（1）基于设定值的设施种植环境控制算法。

基于设定值的设施种植环境控制算法通过设定环境气候值或轨迹，利用控制软件决策执行机构的动作时序，让作物处于设定的生长环境中。此算法包括基于经验的设定值控制和基于积温的设定值控制。前者通过人为经验设定室内温度、湿度、光照等环境值，后者则利用温度积分的方法优化能耗。

（2）智能的设施种植环境控制算法。

智能算法包括模糊控制、神经网络控制、遗传算法等，这些算法能够处理设施种植环境的非线性和复杂性数据，提高控制精度。例如：模糊控制能够根据经验规则进行决策，神经网络控制可以通过自学习和自适应识别进行优化，遗传算法则可用于优化控制参数。

（3）多目标优化的设施种植环境控制算法。

设施种植环境控制不仅关注作物的产量和品质，还考虑资源的利用效率（如水、电、肥等）。多目标优化算法通过综合考虑经济效益和能耗，提出最优控制策略。例如，研究者使用专家系统生成每日平均温度、昼夜温度等气候控制目标，或通过分层控制结构优化设施环境。

（4）多因子耦合的设施种植环境控制算法。

设施种植环境中的温度、湿度、光照、CO_2 浓度等环境因子之间存在强耦合关系，影响系统的稳定性和控制精度。解耦控制、前馈补偿和反馈线性化等方法被用于解除这些耦合关系，实现环境因子的精确控制。此外，水肥耦合控制方法通过研究最优水肥浇灌比例，提高作物的产量和品质。

（5）基于作物生长信息的设施种植环境控制算法。

这种算法可通过作物长势信息（如株高、茎粗、果实直径等）与环境因子之间的定量模型，实现按作物实际需求进行环境和水肥供给，能够大幅提高设施种植调控水平，减少资源浪费，可通过实时监测作物生长信息调整设施环境参数，实现精准控制。

（6）温室控制模型。

温室控制模型是用于模拟和预测温室内环境条件和作物生长动态的数学模型，主要分为描述模型和解释模型两类。描述模型依赖现有的理论知识和统计方法，对大量数据进行分析，以描述环境因子和作物生长之间的关系；解释模型则基于动力学原理，定量描述环境因子、作物生长和产量之间的关系。温室控制模型在设施农业中的作用至关重要。通过模拟温室内的小气候条件(如温度、湿度、光照等)和作物生长过程,温室控制模型帮助农民和研究人员了解作物的生长需求,优化管理措施,提高作物的产量和品质。例如,利用温室模型,可以预测不同环境条件下作物的生长情况,从而为环境控制提供科学依据。

当前,温室控制模型的研究主要集中在两方面:一是基于物理过程的机械模型,通过精确的数学描述,模拟温室内的能量和物质交换过程;二是基于统计和经验的黑箱模型,通过大量数据的分析,建立输入-输出关系的预测模型。研究现状表明,结合这两种模型可以更全面地反映温室内复杂的生物物理过程,提高模型的准确性和适用性。

3. 设施种植环境控制技术的发展前景

设施种植环境控制技术未来的研究应聚焦于设施环境下植物的主要生理过程与环境因子之间的耦合关系,建立动态耦合模型,提出高效的环境控制方法,以提高作物生物学潜力和产量。此外,高通量植物表型检测技术的研究将为设施环境的精确控制和高效栽培提供重要依据。快速无损的植物生命体征、果实成熟度和品质检测技术的开发,将有助于突破多因素耦合干扰下植物信息动态感知的难题,推动智能传感器的发展。基于云计算和大数据的智慧管理是未来的一个重要方向,即构建设施种植大数据应用综合服务平台,结合物联网和云计算技术,可以实现设施种植的现代化管理,提升整体管理效率。在水肥耦合与封闭管理方面,研究营养液精确调控技术,开发智能化水肥耦合设备,实现营养液的实时配比调整和闭环灌溉,能够减轻环境污染,增强作物抗逆性。总体而言,随着技术的不断进步,设施种植环境控制技术将向着更加智能化、高效化、可持续化的方向发展,为农业生产提供更为先进的解决方案。

10.2.2 设施种植疾病预防技术

设施种植疾病预防技术是基于现代信息技术(如物联网、大数据、云计算等)构建的一套自动化、智能化的病害检测与预警系统,是保障作物健康生长和提高产量的重要手段。该技术利用多光谱成像、机器视觉等技术实时监测作物的生长状况和环境条件,结合专家系统进行病害诊断与决策支持。随着设施种植业的快速发展,设施种植疾病预防技术也在不断创新和进步,主要的疾病预防技术包括物理防控技术、生物防控技术、化学防控技术和环境控制技术。这些技术通过不同的手段和方法,有效防治病虫害的发生和传播,减少化学农药的使用,提高农产品的质量和安全性。物联网技术的应用使得实时监测和精准防控成为可能,而综合环境控制系统则通过多种环境因子的协同作用提高了防控效果。同时,生物防控技术也在不断发展,如基因工程和生物制剂的应用就越来越广泛。

（1）物理防控技术 利用物理方法防止病虫害的发生和传播。例如,频振式电子灭虫灯通过光电效应吸引和消灭害虫,减少化学农药的使用,提高作物质量和安全性。

（2）生物防控技术 利用生物手段抑制或消灭病虫害,包括利用天敌、微生物等生物防治技术。例如,利用捕食性天敌（昆虫）或有益微生物控制病虫害,减少对化学农药的依赖。

（3）化学防控技术 使用化学农药防治病虫害,但需注意合理使用,避免过度依赖和产生抗药性。

（4）环境控制技术 通过调节温室内的温度、湿度、光照等环境因素,抑制病虫害的生长和繁殖。例如,利用自动喷雾降温设备控制温度和湿度,减少病害发生。

通过智能诊断系统开展设施种植疾病预防,主要技术内容如下:首先,通过传感器和图像识别技术,系统能够实时获取作物生长的各种数据,及时发现病害并进行预警,从而大幅提高病害防控的时效性和准确性;其次,智能诊断系统模拟专家的诊断过程,能够对不同病害进行精准识别和诊断,大幅提升诊断的准确率;再次,智能诊断系统提供科学的决策支持,指导精准施药,减少农药的使用量,从而提高农产品的质量。此外,该系统还能够提高资源利用率,降低生产成本,提升整体生产效益,为农业生产提供全面的技术支撑。

当前,国内设施种植智能诊断系统已经取得一定进展。例如,中国农业大学搭建了设施园艺病虫害远程诊断和早期预警系统,实现了视频监控、自动预警和远程诊断的有机结合。隋媛媛等人利用叶绿素荧光光谱来监测和预警温室黄瓜病虫害。此外,基于知识的病害诊断推理系统,如黄瓜病害诊断系统,已经在江苏省部分设施蔬菜生产中应用,并表现出与人类专家诊断结果的一致性。国内外对设施种植疾病预防技术的研究主要集中在以下几个方面:一是物联网技术的应用,通过传感器和无线网络实时监测温室环境参数,利用大数据和人工智能技术进行病虫害预测和防控,荷兰、以色列等国家在该领域的研究和应用较为领先;二是综合环境采集和控制技术,研究多种环境因子协同作用对病虫害的影响,开发综合环境控制系统,例如温室管理机器人能够精确监控和调节温室内的环境参数,提高防控效果;三是开展生物防控技术的应用,利用生物技术进行病虫害防治的研究不断深入,如利用基因工程技术培育抗病虫害作物,以及利用生物制剂替代化学农药等。

设施种植疾病智能化预防也存在一些亟待解决的问题。首先,智能诊断系统的智能化程度有待提高,现有系统在数据处理、病害识别和决策支持方面还存在一定的局限性,无法完全替代人类专家。其次,高精度的传感器和相关设备成本较高,限制了其在中小型农业生产中的推广和应用。此外,传感器数据存在冗余和矛盾,数据融合技术尚不成熟,也会影响诊断的准确性和实时性。

未来,设施种植业的疾病预防技术将朝着智能化、精准化的方向发展。首先,通过多传感器数据融合,获取更全面、准确的作物生长信息,提升诊断精度和决策支持能力。其次,引入更先进的人工智能算法和大数据分析技术,优化病害诊断模型,提升系统的智能化水平。此外,研发低成本、高性能的传感器和诊断设备,推动技术在中小型农业生产中的普及和应用,提高整体农业生产的效率和效益。进一步整合物联网、大数据和人工智能技术,能让病虫害的早期预警和精准防控得以实现。同时,生物防控技术将更加注重可持续性和环境友好性,减少化学农药的使用,提高农业生产的生态效益。

10.2.3 设施种植智能装备技术

设施种植智能装备是现代农业发展的重要方向之一。各种先进装备能够为作物生长提供最适宜的环境,实现高产量、高品质和高效益的农业生产。从工作流程分类来看,设施种植智能装备主要包括种苗生产智能化装备、作物管理智能化装备和物流智能化装备三大类。每一类装备在其特定环节中发挥重要作用,通过协同工作保证设施种植作业的高效运行。智能化装备不仅能够缩短作物生长周期、提高单位面积产量,还具有洁净安全、突破地域限制等优势。

(1)种苗生产智能化装备 种苗生产智能化装备是实现工厂化育苗的基础,主要包括播前准备、播种和种苗移栽三个环节。播前准备环节的主要任务是通过基质消毒和穴盘清洗,确保种苗的健康生长。基质消毒装备通常采用物理方法,如蒸汽、太阳能、紫外线等;穴盘清洗设备则利用高压水流冲洗穴盘,并可调节清洗水压和速度。播种环节通过精量化播种技术实现高效播种,国内常用的播种设备包括手动式、半自动式和全自动式。全自动播种设备不仅可以完成播种,还可以进行覆土、喷水等操作,是工厂化育苗的主要方式。种苗移栽环节则利用机械手和移栽机器人进行高效、安全的移栽操作,实现种苗快速分选和移栽。

(2)作物管理智能化装备 作物管理智能化装备包括环境控制、作物修剪和植物保护三大类。环境控制装备通过传感器和计算机技术,实现温湿度、光照等因子的精准调控,确保作物生长环境的恒定,通过对遗传算法、神经网络和模糊控制等算法的研究和利用,可提高环境控制的精确度和能效。作物修剪装备利用机器人技术和机器视觉技术自动修剪枝叶,保证作物在空间内得到充分光照,从而提高空间利用率和作物产量。植物保护装备可通过多光谱、图像和

3S技术等手段,实现病虫害的监测和预警,并通过喷雾机器人进行精准施药,保障作物健康。

(3)物流智能化装备 物流智能化装备在设施种植生产全过程中发挥着重要作用,主要包括作物采摘和智能输送。作物采摘机器人利用机器视觉、光谱成像等技术,准确辨别并采摘果实。智能输送装备则通过自动识别、路径规划和避障技术,实现高效的作物运输和分配。物流环节中的智能设备,如皮带输送装置、普通移动苗床、悬挂式物流输送装置等,能够提高运输效率,降低人工成本。分级分选设备利用机器视觉和图像处理技术,对农产品进行无损检测和分类,可确保产品的质量和一致性。自动包装设备则实现了农产品标准化包装和质量追溯。

目前,国内外在设施种植智能装备技术方面的研究和应用取得了显著进展:① 在环境监控与调控技术应用方面,国内外研究者开发了多种环境监控与调控设备,如利用物联网技术实现对温室环境的实时监测与智能控制,提高了设施种植的精准管理水平。② 在自动化设备的应用方面,自动灌溉和施肥系统在国内外得到广泛应用,通过传感器监测土壤和作物的状态,精确控制水肥供给,减少资源浪费,提高生产效率。③ 在智能机器人的研发方面,智能机器人在设施种植中的应用逐渐增多,例如果蔬采摘机器人、智能移栽机器人等,通过机器视觉和人工智能算法,提高了作业的精准性和效率。④ 在综合控制系统的发展方面,综合控制系统整合了环境监控、自动化设备和智能机器人等多种技术,实现了设施种植的全面智能化管理。荷兰等国家在设施种植智能化方面的研究和应用处于国际领先水平。

目前,我国在种苗生产、作物管理和物流方面的智能化装备虽已取得一定进展,但仍存在诸多问题。首先,种苗生产智能配套装备不够完善,环节间缺乏智能化连接,自动化程度不足。其次,作物管理智能化装备的集成度低,难以实现精细化管理,环境控制系统多依赖经验值设定,缺乏实时调整能力。最后,物流智能化装备的通用性差,普及率低,多数设备针对单一品种设计,难以满足多品种作业需求。

未来,设施种植智能装备技术将继续向高度智能化和集成化方向发展。首先,推进多传感器数据融合技术的应用,提高信息获取的准确性和有效性;其次,整合与优化作物生长模型,为智能化管理提供科学决策依据;再次,研发高性能、低成本的零部件,促进装备的大面积推广;然后,开发符合国情的小型智能化装备,实现农机农艺的深度融合;最后,推进智能化系统集成,实现设施种植各子系统的全面互联与优化管理。进一步发展机器视觉、人工智能算法和大数据分析技术,实现设施种植的全自动化管理。智能机器人将更加多样化和高效,广泛应用于各个生产环节。同时,综合控制系统将实现更高水平的集成和协同工作,推动设施农业向更加精准、高效、可持续的方向发展。

10.3 设施种植智能决策的应用案例

10.3.1 现代设施育苗中心

现代设施育苗中心作为一种高度环境控制的农业生产系统,融合了现代生物技术、自动化装备、新材料及信息技术,实现了秧苗繁育过程的高度智能化和自动化。智能决策系统通过集成多种先进技术,如物联网、人工智能和大数据分析,对育苗全过程进行监控和管理。具体而言,智能决策系统包括环境监测、数据分析、预测模型和自动化控制四个主要模块。环境监测模块使用各种传感器实时采集温度、湿度、光照、CO_2 浓度等环境参数。数据分析模块通过大数据技术对监测数据进行处理和分析,识别异常情况和趋势。预测模型模块基于历史数据和作物生长规律,预测未来环境变化和作物生长状态。自动化控制模块则根据分析和预测结果,自动调节环境参数,如温湿度控制、光照调节和营养液供应等。

智能决策系统在设施育苗中的作用主要体现在以下几个方面:第一,智能决策系统能够显著提高育苗的精确度和效率。通过实时监测和自动调控,系统可以确保育苗环境始终处于最佳状态,促进种苗的健康生长。第二,智能决策系统能够降低人力成本和操作风险。传统育苗方式需要进行大量的人工监控,而智能决策系统可以自动完成大部分操作,减少了人工干预,降低了出错概率。第三,智能决策系统可以提高育苗的可控性和一致性。不同于传统育苗过程中环境变化带来的不确定性,智能决策系统可以根据实时数据进行动态调整,确保种苗的质量和一致性。

1. 环境监测与控制

环境控制系统采用分布式传感器和智能控制系统,实现对温度、湿度、光照、CO_2 浓度等环境因子的精准调控,保障秧苗在最优环境下生长。在光照方面,基于优化光质、光强和光周期参数,研发出节能高效的 LED 光源系统,能够为秧苗提供适宜的光环境,促进光合作用和生长发育。通过这些传感器,系统能够实时掌握育苗环境的变化情况,为后续的分析和决策提供基础数据。

2. 数据分析与决策

采集到的环境数据会被传输到数据分析模块,该模块利用大数据技术对这些数据进行处理和分析。系统能够识别出环境参数中的异常情况,如温度过高或湿度过低等,并与历史数据对比,找出可能的原因和发展趋势。

3. 模型预测服务

基于数据分析的结果,系统使用预测模型对未来的环境变化和作物生长状态进行预测。例如,系统可以预测未来几天内温度的变化趋势,以及这种变化对作物生长的影响。通过这种预测,系统可以提前采取措施,防止可能出现的问题。

4. 自动化管理

自动化管理的辅助作业装备包括播种机、嫁接机、自动导向物流输送车等,可以实现育苗全过程的无人化操作,极大提高了生产效率和质量。根据数据分析和预测模型的结果,系统会向自动化控制模块发送指令,自动调节育苗环境的各项参数。例如,当系统检测到温度过高时,会自动启动空调设备降温;当光照不足时,会开启 LED 植物照明灯补光;当营养液不足时,会自动补充营养液。所有这些操作都是实时进行的,确保育苗环境始终处于最佳状态。

通过以上技术流程,智能决策系统在设施育苗中心发挥了关键作用。首先,它能够实时监控育苗环境的变化,确保环境参数始终在最适宜作物生长的范围内。其次,系统能够快速响应环境变化,通过自动调节设备运行,避免了人工操作的延迟和误差。再次,系统能够通过数据分析和预测模型,提前发现和解决潜在的问题,提高了育苗的成功率和种苗的质量。

在实际应用中,智能决策系统已在多种作物的育苗过程中得到了广泛应用。以樱桃、番茄育苗为例,微型集装箱式育苗中心通过集成 LED 植物照明、无土栽培营养液和精准环境控制技术,实现了全自动化的樱桃、番茄育苗生产。系统能够实时监控并调节育苗环境的光照、温度、湿度和 CO_2 浓度,确保苗木在最优环境中生长,培育出高品质的种苗。此外,智能决策系统还在黄瓜、辣椒等作物的育苗过程中取得了显著成效。应用结果表明,使用智能决策系统的育苗模式,不仅提高了苗木的质量和一致性,还缩短了育苗周期,显著降低了生产成本和操作风险。总的来说,通过集成先进的机器视觉、深度学习和大数据分析技术,智能决策系统实现了育苗过程的自动化和智能化,使得设施育苗中心能够以更高的效率和更低的成本,生产出高质量的种苗,为现代农业的发展提供了重要的技术支撑。

10.3.2 植物工厂

植物工厂是一种通过高精度的环境控制实现作物周年连续生长的高效农业系统。其主要特点是能够高效利用资源,在有限的空间内实现高产出,单位产能可达地面生产的 40 倍以上。这使得植物工厂能够有效地利用土地和水资源,适合耕地资源紧缺的国家和地区。此外,植物工厂通过计算机系统对光照、温度、湿度、CO_2 浓度以及养分进行自动精准控制,不受自然条件限制,实现了机械化和自动化生产。最初,植物工厂主要用于叶菜类作物的生产,但随着技术的进步,其应用对象已经拓展到果菜、食用花卉、药用植物、矮化果树及医用大麻等作物,近年来甚至在水稻等粮食作物的快速繁育方面也取得了重要进展。

智能决策技术在植物工厂中的应用主要体现在以下几个方面。

第一,智能化环境控制系统是植物工厂的核心技术之一。通过传感器和控制器的配合,系统能够实时监测和调节光照、温度、湿度、CO_2 浓度和养分等关键环境参数。例如,日本千叶大学开发的高效光源和节能环控系统,能够自动调整光源的光谱和强度,以适应不同生长阶段的作物需求,从而提高作物的生长效率和质量。美国 AeroFarms 公司和 Plenty 公司在垂直植物工厂领域也取得了显著成就。AeroFarms 公司位于新泽西州纽瓦克市,其植物工厂(见图 10-1)利用先进的空气动力学技术,通过精细控制温度、湿度和营养液,实现了全年高效生产。这家公司采用多层垂直种植架结构,大幅度提高了单位面积的产出率。Plenty 公司位于美国加利福尼亚州,其垂直植物工厂(见图 10-2)项目获得了超过 2.5 亿美元的融资。Plenty 公司利用人工智能和机器人技术,优化种植过程中的每一个环节,从而显著提高了生产效率和产品质量。

图 10-1　美国 AeroFarms 公司植物工厂

第二,作物-环境模拟与动态优化技术在植物工厂中的应用极大地提升了生产效率。荷兰瓦赫宁根大学采用作物-环境模拟与动态优化技术,开发了模拟系统(见图 10-3)。这一系统能够模拟不同环境条件下作物的生长情况,并通过动态优化算法,找到最优的环境控制策略,从而降低能源消耗和运营成本,同时提高作物的产量和质量。

第三,无人化生产系统是植物工厂未来发展的重要方向。福建省中科生物股份有限公司研发的自动化垂直农业生产系统(见图 10-4),实现了从播种、育

图 10-2　美国 Plenty 公司垂直植物工厂

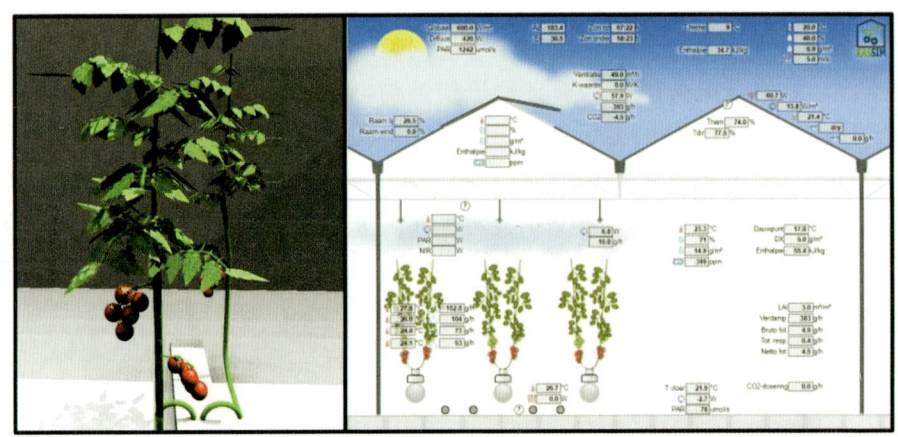

图 10-3　荷兰瓦赫宁根大学作物-环境模拟系统

苗、移栽、收获等全过程的无人化操作,具备独立的数据存储与分析运算能力,帮助种植者实现环境控制与调节、光周期控制与调节、生长数据的采集与分析等。这一系统通过使用机器人和自动化设备,减少了人力需求,提高了生产效率和产品的一致性。此外,上海英植科技有限公司开发的无人化植物工厂,正在试运行中,并取得了良好的效果,将进行规模化推广应用。

第四,数据驱动的精细化管理是智能决策技术的重要组成部分。通过大数据分析和物联网技术,植物工厂能够对植物生长数据进行全面监控和分析。例如,智能系统可以通过分析光照、温度和湿度等数据,优化资源的分配和使用,提高植物生长的效率和质量。中国农业科学院开发的无人植物工厂水稻育种加速器(见图 10-5),通过精细化的数据管理,实现了水稻生育期减半的目标,大大加快了育种进程。

图 10-4　福建省中科生物股份有限公司自动化垂直农业生产系统

图 10-5　中国农业科学院无人植物工厂水稻育种加速器

第五,智能决策技术在植物工厂中的应用还包括精准灌溉和营养液管理。利用传感器监测土壤湿度和养分含量,智能系统可以自动调整灌溉和施肥方案,确保作物在最佳条件下生长。例如,北京京鹏示范型植物工厂利用先进的营养液循环系统,实现了水资源的高效利用和养分的精准供给,从而提高了作物的生长速度和产量。

智能决策技术通过环境控制系统、作物-环境模拟与动态优化技术、无人化生产系统和数据驱动的精细化管理等显著提高了植物工厂的生产效率和产品质量,推动了植物工厂的高效发展和广泛应用,使植物工厂成为现代农业发展的重要方向,为解决全球食物安全和资源利用问题提供了新的思路和方案。

第 11 章
畜禽养殖智能决策

11.1 畜禽养殖智能决策的需求

数字化建设和智能化决策对畜牧业产业高质量发展至关重要。畜牧业数字化是综合运用现代信息技术和智能装备技术以及互联网平台,实现畜牧养殖的数字化、智能化管理,推动畜牧养殖由传统粗放型方式向知识型、技术型方式转变。

"物联网十"和精准畜牧业已成为主要发展趋势。养殖业劳动密集型、技术密集型、资金密集型的产业特点表明,传统养殖向现代养殖转变是历史必然,而信息化是畜牧业现代化的制高点。"十四五"是畜牧业发展转型升级的关键时期,畜牧业发展面临前所未有的机遇和挑战。我国畜牧业面临着高质量产品不足、受环境约束和生产效率不高等诸多问题,现代畜牧业要取得突破就需要加快转变生产方式,加强畜牧业的精准化控制,推动畜牧业实现稳定、协调、绿色、高效发展。在"互联网十"行动计划的背景下,畜牧业信息化的推广普及为提高畜牧业的生产效率提供了机遇。如今,畜牧从业人员通过计算机和微电子技术、通信技术和遥感技术等多项信息网络技术,对畜牧业相关的知识和信息进行及时有效地获取,并加以处理,随后及时准确地传递,由此可见,实现畜牧业不同过程或环节的精准化智能管理是传统畜牧业演化为现代畜牧业的必然进程。

《中华人民共和国国民经济和社会发展第十四个五年规划和 2035 年远景目标纲要》明确提出"完善农业科技创新体系,创新农技推广服务方式,建设智慧农业"。2016 年,中共中央办公厅、国务院办公厅发布的《国家信息化发展战略纲要》中提出:"培育互联网农业,建立健全智能化、网络化农业生产经营体系……提高农业生产全过程信息管理服务能力"。《国务院关于加快推进农业机械化和农机装备产业转型升级的指导意见》(国发〔2018〕42 号)明确提出:"促进物联网、大数据、移动互联网、智能控制、卫星定位等信息技术在农机装备和农机作业上的应用。建设大田作物精准耕作、智慧养殖、园艺作物智能化生产等数字农业示范基地,推进智能农机与智慧农业、云农场建设等融合发展"。2020 年,《农业农村部关于加快畜牧业机械化发展的意见》明确提出"推进'互联网＋'畜牧业机械化,支持在畜禽养殖各环节重点装备上应用实时准确的信息采集和智能管控系统"。2021 年,《"十四五"全国农业农村信息化发展规划》明确指出了畜禽养殖业信息化发展的任务,要求推进智慧牧场建设,加快规模化养殖场数字化改造,推进环境感知、精准饲喂、粪污清理、疫病防控等设备智能化升级,推动生产全过程平台化管理;加强肉蛋奶产能监测,开展行业运行态势分析和预警;加强动物疾病监测、诊断和防控信息化建设,完善重大动物疫情测报追溯体系,实现重大动物疫情实时监测、风险研判、早期预警和态势预报;升级完善国家畜牧兽医综合信息平台,推进养殖场数据直联直报,强化饲料、兽药监管追溯,实现畜牧业生产流通、屠宰各环节信息互联互通。

近些年来,随着数字化技术的迅速发展,大数据、云计算、物联网、移动互联等已成为发展最快、带动面最广的科技。就畜禽养殖业而言,发达国家较早地实施了信息化管理,并在 21 世纪初融入了物联网技术,通过数字化的一整套管理系统,实现畜禽养殖的跨越发展,经济效益突出。虽然我国的畜禽养殖信息化应用起步较晚,且早期着重于育种、营养配方、畜禽档案等方面的工作,但随着我国数字化技术的不断进步,尤其是我国的互联网技术不断显现出全球领先优势,一些大型养殖企业已经转变养殖方式,逐步引进数字化管控技术,建立数字化管控平台和养殖数据库,实现畜禽身份识别、环境监控、智能饲喂、健康智能诊断、数据归类分析等全方位管控体系且收效显著,引领了我国畜禽养殖业转型升级的潮流。

11.2 畜禽养殖智能决策的关键技术

11.2.1 畜禽养殖环境智能感知技术

智能感知技术在畜禽养殖环境中的应用是现代畜牧业发展的重要趋势之一。通过传感器、物联网、大数据和人工智能等手段,该技术实现了对养殖环境和动物状态的实时监测和精准调控,旨在提高养殖效益,保障动物健康和福利,推动养殖业向信息化、智能化转型。

畜禽养殖环境智能感知技术的核心在于多种传感器和数据处理技术的应用。传感器技术可用于温度、湿度、光照、气体(如二氧化碳和氨气)等的检测,用于监测养殖舍内的环境状况。此外,计算机视觉技术通过摄像头采集图像,分析畜禽的行为和体况,如体温、体重、姿态等。音频处理技术通过分析畜禽的叫声,识别疾病和异常行为;热红外技术则用于监测畜禽体温变化,以反映其健康状态。这些数据通过物联网技术传输到中央服务器或云平台进行处理和存储。大数据和人工智能技术可对采集的数据进行分析,提供精准的决策支持。神经网络和主成分分析等算法用于环境质量评价,结合专家系统和模糊控制算法,实现环境参数的自动调控。

此外,这些技术广泛应用于自动化设备(如饲喂、通风、清粪等机械化设备)的控制中,实现了养殖过程的全自动化管理。物联网技术的应用使这些设备在不同场景下实现实时监控和智能调控,提高了养殖管理的效率和精度。

智能感知技术的研究和应用具有重要的现实意义。首先,该技术提高了畜禽养殖的效率和经济效益。通过优化环境条件和提高管理效率,智能感知技术能够降低成本,提高生产力,从而增加养殖企业的经济收益。其次,该技术提升了动物的生活质量,满足了现代社会对动物福利的要求。此外,智能感知技术的应用推动了畜牧业的转型升级,实现了传统养殖业向信息化、智能化养殖业的转变,促进了现代农业的可持续发展。随着信息技术的不断进步,畜禽养殖环境智能感知技术也在不断发展。未来,这些技术将更加智能化和自动化。传感器技术将进一步发展,传感器的精度和稳定性将不断提高,新的传感器材料和技术将被应用于实际生产中。物联网技术的应用将更加广泛和深入,数据传输的速度和稳定性将进一步提升。

畜禽养殖环境智能感知技术是现代畜牧业发展的重要方向。该技术通过传感器、物联网、大数据和人工智能等技术手段,实现了对养殖环境和动物状态的实时监测和精准调控,提高了养殖效益,保障了动物健康和福利,推动了养殖业的转型升级。未来,随着科技的进步,这些智能感知技术将更加智能化、自动化和无人化,为现代农业的发展提供更加有力的支持。

11.2.2　畜禽养殖环境控制技术

畜禽养殖环境控制技术是现代畜牧业发展的关键,通过传感器、物联网、大数据和人工智能等技术手段,实现对养殖环境的实时监测和精准调控,从而提升养殖效益。畜禽养殖环境控制技术主要包括空气质量调控、热环境调控和光照调控等方面。空气质量直接影响畜禽的健康和生长。畜禽舍内的粪尿、饲料和垫料会产生粉尘和有害气体,如氨气和硫化氢,这些污染物会导致动物出现各种疾病。控制空气质量的方法包括过程控制和终端净化。过程控制通过通风系统和空气过滤装置去除有害物质,如生物过滤器可以显著减小舍内有害气体的浓度。温度对畜禽的健康和生产性能有显著影响。适宜的温度可以提高饲料利用率和动物的生产性能,过高或过低的温度都会影响畜禽的健康。热环境调控技术包括加热和降温系统。加热系统如燃油、燃煤和燃气热风炉以及电热地板,主要用于幼年畜禽的舍内加温;降温系统如喷水和喷淋设备则在高温环境中用于降低舍内温度。光照强度和周期对畜禽的生长发育和生产性能有重要影响。适当的光照可以提高动物的免疫力,降低死亡率和发病率。现代畜禽舍通常采用人工控制光照时长和强度的方式,以调节鸡的饲料消耗、性成熟时间和产蛋率等。近年来,光照强度、光色和光周期等对畜禽生产性能的影响得到了深入研究。

畜禽养殖环境控制技术在多个场景中得到了广泛应用。在畜禽舍内,传感器能实时监测空气中的有害气体浓度,结合通风和过滤系统,确保舍内空气清新,减少疾病的发生。生物过滤器和通风系统的结合,有效提高了空气质量,为畜禽提供健康的生长环境。在不同季节和气候条件下,通过传感器实时监测舍内温度,及时采用加热或降温系统调控温度,让舍内温度保持在适宜范围内,确保畜禽的健康和高效生产。加热系统如燃油和燃煤热风炉可在冬季提供暖气,降温系统如喷水和喷淋设备可用于夏季降温。智能照明系统可根据不同畜禽品种、年龄和生产阶段,调节光照的强度和时长,优化生长环境,提升生产性能。特别是在蛋鸡和种鸡的生产中,光照调控尤为重要,通过调节光周期,可以有效提高产蛋率和蛋品质。

畜禽养殖环境控制技术的研究和应用具有重要的现实意义:优化环境条件和管理流程可降低成本,提高生产力,从而增加经济收益;良好的环境控制技术可以显著减少疾病的发生,降低医疗成本,提高养殖效益;实时监测和调控环境,可提升动物生活质量,满足现代社会对动物福利的要求;良好的空气质量和适宜的温度环境能有效降低畜禽的应激反应,保障动物健康;能够促进畜牧业从传统模式向信息化、智能化转变,实现现代农业的可持续发展。

随着信息技术的不断进步,畜禽养殖环境控制技术也在不断发展。智能环境控制技术为养殖业提供了先进的管理工具和方法,推动行业升级。随着技术的发展,养殖过程将实现全程自动化和智能化,无人化管理将成为可能,提升生产效率和产品质量。

11.2.3 畜禽养殖疾病预防技术

畜禽养殖疾病预防技术涵盖人工智能技术、大数据技术和生物创新药技术,它通过信息化和智能化手段,实现高效的疾病预防和控制。在畜禽健康管理方面,人工智能技术的应用尤为广泛,包括疾病监测、体温测量、行为识别等多个方面。

人工智能技术在畜禽养殖中的应用广泛,通过智能算法和机器学习,能够精准识别动物行为,实时监测健康状况,及时发现潜在疾病并采取预警和治疗措施。例如,智能算法能够分析动物的行为模式,识别健康指标和异常行为,帮助养殖场人员提高管理效率和养殖效益。人工智能技术还用于视频检测 X 光片和核磁共振成像,精准识别动物健康状况,及时干预和治疗。在疾病监测方面,呼吸道和消化道疾病是影响畜禽存活率的重要因素,早期识别和治疗这些疾病可以显著提高养殖场的产能。智能监测系统可以通过拾音器捕获原始声音数据,利用深度神经网络识别畜禽的咳嗽声。沈明霞等研究人员提出了一种基于深度神经网络的猪咳嗽声识别方法,测试集上的咳嗽声识别准确率为97%。消化道疾病监测则主要通过图像分析技术,识别畜禽的腹泻行为。丁静利用卷积神经网络的目标检测算法,对断奶仔猪的腹泻行为进行检测,识别准确率达到98.2%。分娩监测同样是畜禽健康管理中的重要环节。传统的分娩监测依赖养殖人员的查看,这种方式不仅工作量大,还增加了传染病传播的风险。非接触式的计算机视觉技术,通过对母猪行为进行分类,可以实现无接触式分娩监测。南京农业大学的研究团队利用超声波传感器设计了一种基于 K 均值聚类算法的母猪产前监测系统,对母猪筑巢、站立、侧卧等行为的识别准确率达 90.47%。运动行为识别在畜禽健康管理中具有重要作用。畜禽的运动行为主要包括躺卧、站立、行走等。监测这些行为,可以及时发现异常情况。母猪的运动行为监测尤为重要,可检测到母猪的临产状态并减少母猪产后因姿态转换引起的仔猪压伤风险。现代的行为监测技术主要利用机器视觉,结合时空特征分析图像序列,统计畜禽的运动量,以衡量其健康状况。童欣欣等通过调整 AlexNet 卷积神经网络,实现了母猪姿态识别,其识别准确率达到了 97%,证明了该技术在实际应用中的有效性。

智慧兽医云平台是大数据技术的典型应用,该平台可以实现动物检疫的全链条信息闭环管理和畜牧产品的全程追溯。管理人员可以为每个养殖场建立账户和档案,设置管理权限,兽医人员通过平台进行电子出证服务,极大地提高了检疫效率和产地管理水平。此外,用不同颜色的二维码制度,可实现对养殖场的动态分类监管,及时控制和防范风险。

生物创新药技术在疾病预防和治疗中也取得了显著进展。通过基因工程和重组技术,生物创新药能够提供精准、高效的治疗手段,用于快速、准确地检测病原体,提高疾病诊断的准确性和检疫效率,也可用于研发高效、低成本的疫苗,提高免疫效果,降低副作用,并确保疫苗的一致性和稳定性。

畜禽养殖疾病预防技术在多个应用场景中发挥重要作用,显著提高了疾病预防和控制的效率和精准度,研究这些技术具有重要意义:人工智能技术通过智能识别和行为监测,提高健康监控的精准度和及时性,增加养殖效益并减少疾病传播风险;大数据技术实现信息化管理和动态监管,提高风险控制能力;生物创新药技术通过精准诊断和高效疫苗研发,为疾病预防提供了有力支持。综上所述,畜禽养殖疾病预防技术通过大数据、人工智能和生物创新药技术的结合应用,显著提高了疾病预防和控制的效率和精准度。从体温测量、行为监测到发情与分娩识别,再到呼吸道与消化道疾病的监测,这些技术的应用不仅保障了畜禽健康和养殖效益,还推动了养殖业的现代化和可持续发展。未来,随着科技进步,这些技术将在畜禽疾病预防中发挥更大作用,为养殖业健康发展提供坚实保障。

11.2.4 畜禽养殖智能装备技术

畜禽养殖智能装备技术通过引入现代信息技术和智能控制技术,极大地提升了养殖效率和管理水平,为畜禽养殖业的现代化发展提供了强有力的技术支撑,以下将从环境监测与调控装备、智能化饲喂和饮水装备、自动清粪系统、智能化辨识技术与装备等方面进行介绍。

环境监测与调控装备是智能养殖系统的基础,旨在为畜禽提供最佳的生长环境。这些装备包括温湿度传感器、空气质量传感器、光照传感器等,通过实时监测舍内环境参数,如温度、湿度、光照强度和有害气体浓度,主控系统自动调节环境参数。例如,通风系统和加热系统会根据舍内温度自动开启或关闭以保持适宜的环境温度。此外,湿帘风机系统在夏季高温时通过水蒸发带走热量,有效降低舍内温度,减少热应激对畜禽的影响。

智能化饲喂和饮水装备通过精确控制饲料和水的供给,提高了饲养效率和动物健康水平。智能饲喂系统包括电子饲喂站和智能化饲喂机,能够根据畜禽个体的生长阶段和营养需求,提供定时定量的饲料供应。这些系统利用机电系统、无线网络和数据处理技术,实现了饲料的精准投放,减少浪费。此外,智能饮水系统通过水质监测和流量控制,确保畜禽能够获得清洁的饮水,满足其生理需求。

自动清粪系统利用机械设备和自动控制技术,高效清除舍内粪便,改善环境卫生。这些系统包括机械刮板、传送带和清粪机器人等设备,能够在立体叠层饲养中实现粪便的及时清除,保持舍内清洁。例如,传送带清粪系统能够定时将粪便从舍内运送到指定位置,减少人工清理的工作量和环境污染。清粪机器人则通过自动导航和路径规划,实现对大面积养殖场的自动清粪,进一步提高了养殖效率。

智能化辨识技术与装备通过机器视觉和物联网技术,实时监测畜禽的体重、体温、行为和健康状况。这些技术装备包括基于机器视觉的健康监测系统、智能耳标和可穿戴设备等。基于机器视觉的系统能够捕捉并分析畜禽的行为数据,识别异常行为和健康问题。智能耳标和可穿戴设备则通过实时跟踪畜禽的个体身份和健康状态,提高了养殖场的管理效率和疾病防控能力。例如,智能耳标可以记录每只动物的生长数据和健康信息,管理者可以通过数据分析,及时采取干预措施,保障畜禽健康。

畜牧养殖智能装备技术的研究与应用具有重要意义:该技术大幅提高了养殖效率和生产效益,降低了人工成本;通过智能监测和管理,显著提升了畜禽的健康水平和产品质量,减少了疾病发生率。此外,智能装备技术将更加注重与养殖环境的深度融合,有助于实现养殖过程的绿色环保,可减少环境污染,推动养殖业的可持续发展。

11.3　畜禽养殖智能决策的应用案例

11.3.1　生猪养殖智能决策

经过几十年的快速发展,我国生猪养殖业取得了巨大的成绩,也面临着"养殖效率低下、安全问题突出、环境污染严重"等一系列发展瓶颈问题。造成效率低下的主要原因包括:各类疫病暴发与流行导致生产成绩急剧下降;"重繁殖、轻选育",品种生产性能水平低下,持续选育工作亟须加强;规模化养殖管理水平落后;等等。因此,如何通过疾病防控、品种改良、精准营养和现代化饲养管理等措施实现"生得多、死得少、长得快"的高效养殖目标是我国生猪养殖产业转型升级必须解决的关键问题。

数据对提高生产效率的乘数作用不断凸显,成为最具时代特征的生产要素;数字化建设对于生猪养殖全产业链的转型升级都至关重要。疫病防控特别是流行病学工作尤其需要数据支撑,基于精准检测的数字化预警系统是构筑立体生物安全防控网络的基础。品种改良本身就依赖于大数据科学,一旦收集了核心群、扩繁群、商品母猪到育肥猪的全产业链数据,就可以真正实现生猪养殖全产业链大数据育种。各类原料营养成分数据、各类营养素进入体内的代谢数据、各生理阶段种猪或肥猪在一定营养条件下的生长数据，这些都是精准营养的基础。而数字化更是现代化牧场生产管理的基础，对生产安排、原料供给、生产成绩评估、绩效考核和成本控制等都至关重要。因此，建立国家数字畜牧业（生猪）创新分中心是促进生猪养殖产业转型升级的关键支撑。

华中农业大学生猪数字化研究团队长期开展生猪养殖智能决策技术研究，围绕生猪养殖全产业链，针对种猪选育、饲料与精准营养、疾病防控、废弃物资源化利用、智能设施设备、现代化生产管理等环节，开展数字养猪业产品与技术研发，重点开展生猪智能育种、精准营养、疾病防控、智慧养殖等数字化关键技术研究，完成关键技术创新和系统设备研制，构建猪数字化智能育种平台、猪数字化精准营养平台、猪数字化智慧养殖平台、猪产业链大数据智能分析平台、猪数字化疫病防控平台，指导完成生猪产业相关数字养殖标准与通用技术规范的制定与修订，形成数字养猪业集成解决方案、应用服务模式和技术产品体系，全面推动数字、信息技术在生猪产业方面的应用，实现生猪产业的数字化、产品化、标准化、科学化，提升我国生猪产业的自主创新能力，加快数字农业和现代农业的发展。团队围绕生猪养殖智能决策，重点开展以下研究工作。

1. 猪数字化智能育种平台建设

猪数字化智能育种平台建设面向猪种质资源利用和基因组育种技术前沿，面向国家生物种业的战略需求，以促进满足市场需求的快长、节粮、优质、高繁、高效的生猪遗传改良和新品种选育为目标，聚焦生猪表型精准、高通量检测技术方法及多组学交互机理研究，建设多维一体的规模化、精准化和智能化的数字种业平台，形成面向生猪育种产业的合力，促进我国种猪生产性能全面提升。猪数字化智能育种平台在猪数字化种质资源、猪表型组鉴定、猪多组学大数据应用、猪全产业链基因组育种、种猪质量数字化检测方面，推动数字技术在生猪智能育种方面的全面应用，大幅提升我国在优异种质创制、重要基因挖掘及重大品种培育等方面的自主创新能力。

2. 猪数字化精准营养平台建设

猪数字化精准营养平台围绕三个核心内容进行技术产品研发：针对我国饲料资源短缺，构建区域性饲料原料营养价值数据库，搭建数据驱动的最优饲料配合和营养决策平台；针对生猪营养状态等数据收集智能化程度低、标准化数据接口缺乏等问题，创制生猪限制性氨基酸营养状态实时监测仪和生猪贫血状态联合检测仪，为生猪精准饲养过程中限制性氨基酸营养状态和贫血状态的实时监测和数字化分析提供快速、便携的仪器装置,实现生猪营养状态实时监测;针对生猪生产性能大数据服务平台能力不足,建立生猪关键生产性能指标预警和析因大数据分析模型,研发对接饲料厂原料数据和养殖场生产数据的标准化大数据接口,助力养猪生产提质增效。

3. 猪数字化智慧养殖平台建设

猪数字化智慧养殖平台服务于生猪适度规模化和专业化养殖户养殖全链条环境控制、全过程管理的数字化信息自动采集、分析与管理。研究智慧养殖设备数据规范化和标准化接口,开发猪场智慧管理系统,构建生猪全程数字化智能养殖技术体系。针对目前我国自主知识产权的数字化智能饲喂设备、环境控制系统、粪污收集处理设备缺乏,猪数字化智慧养殖先进生产工艺与智能设备研发深度融合不够,生猪养殖各环节数字化接口标准不统一等问题,搭建数字化智慧养殖关键技术研究平台,自主研发智能化群养母猪饲喂系统、保育育肥智能饲喂系统、智能盘点系统、猪只体温智能监测与分析系统、臭气智慧控制系统、智慧牧场管理系统等,构建生猪智能养殖技术体系,有效指导畜牧生产,实现生猪全程数字化智能养殖,大幅度减轻劳动强度,提高生产自动化程度和生产效率。

4. 猪产业链大数据智能分析平台

猪产业链大数据智能分析平台服务于生猪育种、营养优化、疫病防控和养殖管理全产业链数字化过程,为"产学研用"提供虚拟化主机服务和数据共享、数据治理、数据分析和深度学习平台与应用服务。生猪育种、营养优化、疫病防控和养殖管理产生海量的全产业链大数据,该产业链大数据不仅体量巨大、种类繁多,而且以高维、多模态形式呈现。如何表示与处理猪全产业链大数据是一个巨大的挑战。构建自主可控的大数据混合云平台,为生猪育种、营养优化、疫病防控和养殖管理提供安全可信的主机服务;研究生猪数据采集、存储和共享技术,开发利用人工智能应用的接口技术和标准,研发大数据应用互联互通的服务网格(service mesh)技术,实现"数据可用不可见";针对猪全产业链智能化,基于国产加速器,研发深度学习云平台,为智慧养殖、数字牧场人工智能应用与技术提供支持。

11.3.2 禽蛋养殖智能决策

与畜牧业发达国家相比,我国规模化蛋禽养殖产业起步较晚,但自改革开放以来得到飞速发展,已连续多年保持蛋禽饲养量、禽蛋产量世界第一。蛋禽养殖业的发展对于加快建设现代畜牧业,推进农业结构战略性调整,改善人民生活质量和水平,以及增加农民收入都具有重要意义。据中国畜牧业协会公布的数据,2021 年全国在产父母代蛋种鸡月均存栏为 1500.37 万套,较 2020 年同期的 1584.34 万套,减少了 83.97 万套,减幅为 5.3%。2021 年在产蛋鸡存栏量在 10.5 亿只,较 2020 年略有降低。2021 年禽蛋产量 3409 万吨,较 2020 年减少 59 万吨,下降 1.7%。

2021 年,我国蛋鸭存栏 1.5 亿只,较 2020 年增加了 0.04 亿只,同比增长 2.7%。2021 年鸭蛋产量为 277.6 万吨,同比下降 4.8%;鸭蛋产值为 352.2 亿元,同比上涨 37.1%。随着国家的经济发展水平、物流效率、信息和市场化程度的提高,蛋鸭产业向"产加销"全产业链一体化发展,规模化程度越来越高,大型龙头企业组织和带领小规模养殖户形成社会化大生产。同时,国家和地区的环保政策和消费者食品安全理念的新追求,促使蛋鸭业不断改革养殖方式,逐步由水养转变为全舍内、离水旱养。

据联合国粮食及农业组织统计,中国禽蛋产量约占世界禽蛋产量的 40%,是名副其实的第一禽蛋大国。国家统计局最新数据显示,我国禽蛋人均占有量为 22 kg,达到发达国家平均水平,超过国际均值的 2 倍。另外,蛋禽业一直是我国农业生产结构调整、农民增收、农业增效的重要手段,为社会进步和国民经济发展,确保我国食品安全、环境与生态安全、公共卫生安全,保障精准稳定脱贫等做出了重要贡献。蛋禽业信息化是我国畜牧业信息化体系的重要组成部分,发展蛋禽养殖数字农业是推进畜牧业现代化的具体体现,是提高农业资源转化率、利用率和带动农民增收致富的有效途径,对保障国家粮食安全、维护国家稳定具有重要的战略意义。

中国农业大学蛋禽智慧养殖团队长期开展畜禽业领域的机械化、智能化、数字化科技攻关与推广服务。经过多年研发积累和产业化技术推广,该团队研发了禽类集约化多层平养健康环境节能调控技术、立体高效健康养鸡环境控制技术及成套装备研发应用、蛋禽细菌病防控系统创新与安全蛋品生产关键技术、规模化养鸡环境控制关键技术创新及其设备研发与应用等一大批优秀科研成果;开展了环境智能检测与调控、禽类装备福利化与智能化等研究,重点突破了禽类生产数据的实时记录与处理、多源数据流分析等关键技术,为现代蛋禽业提供了试验设计、数据采收、材料评价、数据分析、动物溯源和养殖性状自定义等功能模块,满足不同用户对不同蛋禽种类的业务需求,集中力量解决了蛋禽养殖过程中的环境变异对蛋禽生长的影响,开发了相关技术及其软硬系统,重点开展如下工作。

1. 蛋禽健康智能感知与决策技术(见图 11-1)

针对传统人工采集蛋禽健康指标存在的动物应激大、工作强度高、数据精确度低、无法实时监测等问题,基于红外辐射测温原理感知蛋禽体表温度;基于身体重心、倾角与腿温等多参数研发蛋禽体况自动检测技术;构建声纹图谱、发声特征与蛋禽呼吸道健康的关系模型;建立基于音频分析的蛋禽体重估测算法;研究动态视频蛋禽多目标检测与跟踪技术,自动识别采食、饮水、啄羽、啄肛等典型行为,量化解析蛋禽活动度,探索蛋禽行为谱动态变化规律及其与蛋禽健康状况的关联模型;研发基于排泄物自动识别的蛋禽肠道健康智能监测系统;实现蛋禽生理、行为等多模态健康参数的智能感知与识别。蛋禽健康智能感知与决策技术将物联网、大数据、人工智能等新一代信息化数字技术与蛋禽养殖生产工艺深度融合,基于视频、音频、红外辐射和智能穿戴设备等,借鉴人脑"视听嗅触"感知机制和计算机深度学习技术,突破蛋禽舍光照多变、粉尘浓度高、飞虫干扰等多变复杂环境下多模态信息的主动、实时、稳定感知技术,创新信息融合解析与表征方法,增强机器对蛋禽生理、行为信息的理解能力。

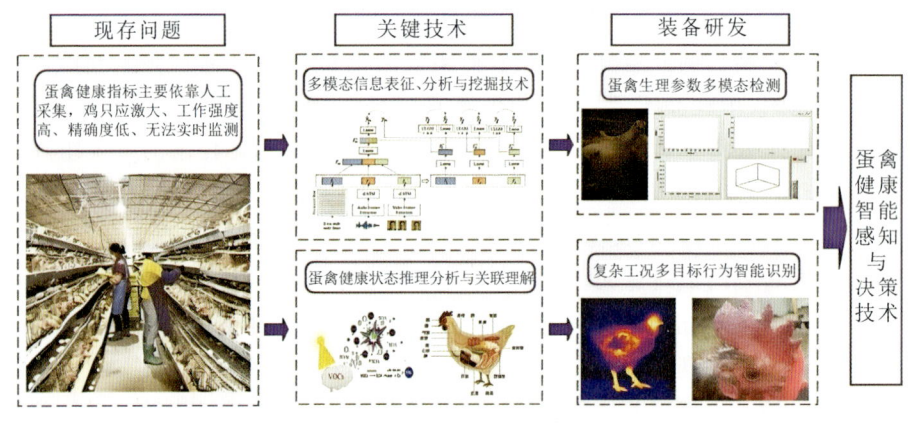

图 11-1　蛋禽健康智能感知与决策技术

围绕蛋禽体况、生理、行为等健康信息的智能感知,基于三维深度图像等信息研发蛋禽体重、体尺、体型和体态等体况信息智能识别系统;利用红外测温和音频分析等技术,研发蛋禽体温和发声智能识别技术,建立蛋禽呼吸道疾病预警模型,结合粪便和血液样品的检测分析,构建蛋禽生理健康综合识别系统;智能识别并融合分析蛋禽群体活动度、采食、饮水、啄羽、啄肛和空间分布等多目标行为,建立蛋禽行为福利状态智能分析系统。

2. 禽蛋质量智能感知与决策技术（见图 11-2）

针对传统人工观察方式识别禽蛋质量存在的工作量大、时效性差、准确率低等问题，运用机器视觉、光谱技术、声学技术、电子鼻、电子舌等无损检测技术，研发禽蛋数量与空间分布智能识别技术，建立蛋禽产蛋性能监测与预警系统，构建禽蛋外观清洁度、外形特征、破裂情况等禽蛋质量参数智能识别方法，为禽蛋智能采集、分级与预处理提供实时数据支撑。禽蛋质量智能感知与决策技术主要利用机器视觉、声学技术、电子鼻、电子舌和光谱分析等先进感知技术智能识别禽蛋产量、分布和外观品质特征，突破人工观察巡检模式存在的主观经验性大、时效性差、工作量大等问题，建立蛋禽产蛋能力与品质的实时智能感知与分析模型。

图 11-2　禽蛋质量智能感知与决策技术

通过在产蛋箱、集蛋器、地面及蛋禽舍其他典型位置配置摄像头、麦克风阵列进行信息采集，以及对禽蛋的光谱分析等，智能识别禽蛋的时空分布，建立蛋禽产蛋性能监测评价系统；通过对禽蛋外观清洁度、破裂度、尺寸和外形等指标的无损检测，集成构建禽蛋质量多模态信息智能识别与分析系统。

3. 温湿风光多维参数耦合精准环控模型（见图 11-3）

针对目前我国蛋禽舍环控基础数据缺失、环控理论薄弱的问题，研究我国自主培育蛋禽种的产热产湿模型；基于蛋禽舍建筑以及蛋禽产热产湿的特点，探究蛋禽舍建筑与温湿风光多维参数的环境耦合关系，建立温湿风光多维参数的环境耦合调控模型；基于热湿空气耦合传递模型进行预测调控，建立蛋禽舍内不同环境参数指标的灰色预测模型；根据蛋禽舍侧墙进风窗分区控制方法，建立侧墙进风窗分区调控模型。温湿风光多维参数耦合精准环控模型主要通过监测蛋禽舍内部环境参数(温湿度、二氧化碳、氨气等)进行环控模型探究;通过软件进行环境控制模型(热湿耦合调控、预测调控)模拟实验及模型优化;利用嵌入式技术开发智能环控器,集成预测调控技术、分区调控技术、5G技术,实地验证蛋禽舍环控效果。

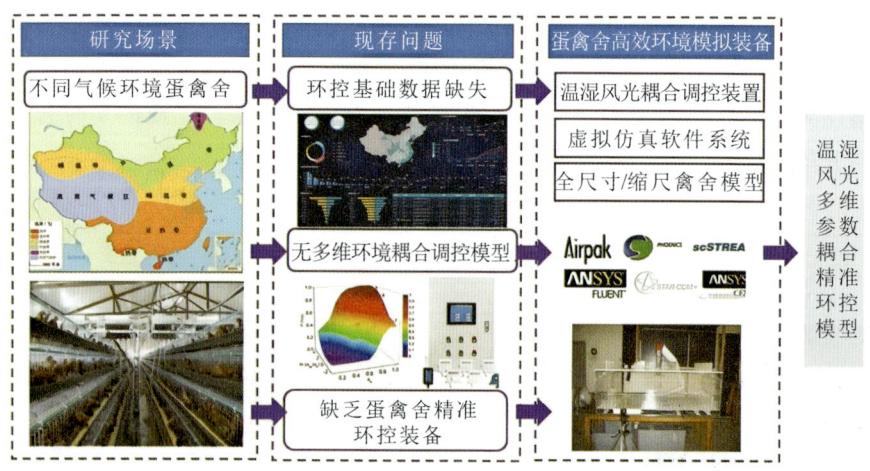

图11-3　温湿风光多维参数耦合精准环控模型

以蛋禽舍养殖环境为控制对象,研究蛋禽舍的保温性能、密闭性能等蛋禽舍建筑参数,获取蛋禽舍内部的温湿度、气流场环境参数,监测蛋禽产热产湿、日龄等生理参数,建立建筑环境耦合模型、灰色预测调控模型,基于建立的模型研发智能环控系统,集成预测调控、分区调控技术以及分布式控制技术,实现蛋禽舍的智能环控。

4. 蛋禽舍智能巡检机器人与预警系统(见图11-4)

针对我国蛋禽舍作业条件差、劳动强度大、环境参数实时采集技术和自动控制方案不足、全方位的环境监测数据缺乏以及健康监测预警手段缺乏等问题,蛋禽舍智能巡检机器人与预警系统的主要研究内容如下:研制巡检机器人移载平台,机器人智能导航系统和路径规划系统等;筛选高精度、快速响应、可应对恶劣环境的环境传感器并研制蛋禽养殖多元环境监测系统,用于蛋禽舍环境数据的采集,提升蛋禽舍管理、监测的自动化水平;研制基于机器视觉的蛋禽养殖多元图像监测系统,实现死禽定位和蛋禽活动度的检测;构建养殖生产环境数字化监测系统,提高蛋禽舍数字化水平和智能化程度,为规模化高效生产与绿色安全生产提供关键技术与产品支撑。

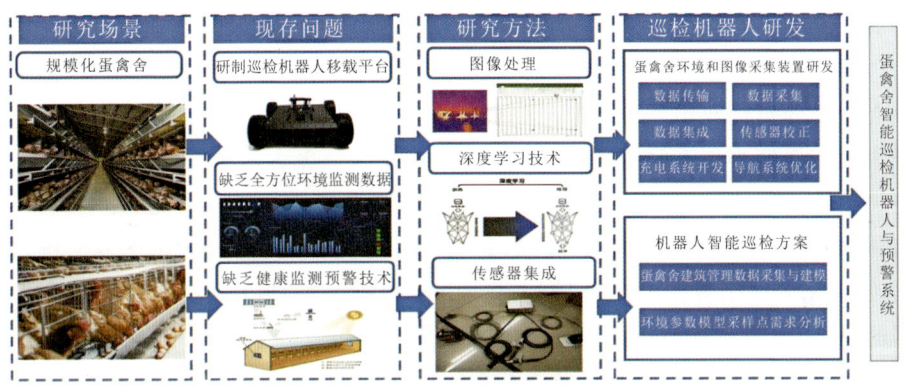

图 11-4　蛋禽舍智能巡检机器人与预警系统

蛋禽舍智能巡检机器人与预警系统主要通过图像处理和深度学习技术,突破蛋禽舍巡检机器人路径规划错误、物体识别准确率低的瓶颈(如障碍物识别不及时或错误,会导致巡检机器人碰撞障碍物),最终实现高效、自主规划;通过传感器集成化和图像处理技术,突破蛋禽舍 3D 环境参数的高精度稳定实时监测、蛋禽活动度和死禽定位困难等问题,实现蛋禽舍环境的自动平稳调控和蛋禽健康智能预警,并在应用过程中不断学习、升级,提高运行的稳定性。该系统主要将"蛋禽健康养殖理论-装备制造-数字化"三者融合起来,形成智能化产品,加速我国规模养殖智能设备的国产化、数字化进程,促进我国畜牧装备智能制造的快速升级。蛋禽舍智能巡检机器人的开发需满足机器人自动充电、路径规划、定点采样的要求,满足环境监控和健康状态监测的数据需求,突破障碍物距离判断等问题,并能快速避障,提高巡检机器人的效率以及稳定性;蛋禽养殖多元环境、图像监测装置,需通过高精度图像识别技术满足传感器采集数据不丢失、信息高效利用的要求;构建定点分布式养殖生产环境数字化监测系统,满足水线、饲料、环境参数的智能化监控需求。

11.3.3　蜜蜂养殖智能决策

我国虽是养蜂大国却不属于蜂业强国,主要存在的问题如下:① 蜂产业市场混乱,产品价格和质量参差不齐,假蜜、过期蜜时有发生,产品质量安全难以保障;② 规模化程度低,仍以传统的家庭式小作坊为主;③ 蜜源信息不对称,转地放蜂盲目集中,常因无法预测花期时间和数量导致产量不高;④ 人口老龄化严重,养蜂操作复杂,年轻人从业兴趣低;⑤ 蜂群养殖多凭借主观经验,缺少数字化模型支撑,蜂产品产量不稳定;⑥ 现代化程度低,靠天吃饭,生产、加工设备落后;⑦ 信息化程度低,管理效率不高。为了解决上述问题,提高蜂产业的竞争力,需要借助现代信息技术。目前物联网、大数据和人工智能、无人机等技术已经在蜜蜂养殖行业中展现出广泛的应用前景,通过这些技术实现蜜蜂养殖的智能决策需要解决如下问题:① 如何完成数据感知。庞大而精细的数据支撑是智能决策的前提,这些数据包括蜜源植物分布、蜜源植物是否打农药、蜂巢内外环境、蜂群飞行活动、蜂群染病情况、蜂产品质量安全、蜜蜂价格等多个维度。② 如何基于庞杂数据挖掘背后信息。由于数据来源广泛且格式各异,多源数据的整合、分析与挖掘成为又一大挑战,例如判断是否分蜂、蜂群是否稳定,总结蜜源植物时空分布规律,以及判断多箱体成熟蜜生产模式下添加浅继箱的时机。③ 如何基于数据和模型开展应用服务。养蜂者年龄普遍偏大,信息化知识薄弱,蜂场的电网基础设施条件差,如何结合蜂产业实际应用场景开展普适性服务,实现蜂产业的节本提质、增效增收,是蜜蜂养殖智能决策的目标。

中国农业科学院农业信息研究所刘升平团队针对蜂场分散管理低效、自动化程度低、产品质量控制难等问题,以提升蜂产业标准化和自动化水平为目标,综合应用物联网、视频巡航、深度学习,3S 技术、无人机、无线通信等信息技术手段,构建了集智慧蜂场建设、智能装备研发、蜂产品质量安全、蜂产业大数据管理决策、蜂业公共服务平台于一体的智慧蜂业关键技术体系("慧养蜂"),并研制了国内首套集机器视觉分析、红外检测、RFID 跟踪于一体的蜂业智能装备系统,实现了蜂业全产业链信息采集、智能管控、辅助决策及数字化服务,提高了蜂场管理效率和质量,提升了优质蜂产品品牌效应。该团队围绕蜜蜂养殖智能决策,重点开展如下几部分研究工作。

1. 蜜源植物调查及载蜂量分析(见图 11-5)

针对蜜源植物调查时传统人工现场逐块测量方法费时费力问题,团队提出了一种基于深度学习和无人机的快速低成本蜜源植物调查方法。实地调查确定蜜源植物典型样区,分析蜜源植物花期、花色和结构特征,构建基于无人机的蜜源植物影像数据集,研制多种深度学习语义分割算法并训练蜜源植物识别模型,研制出提取特定蜜源植物的模型,制作研究样区荆条植物空间分布专题图。结合当地智能蜂箱获取的蜂群采蜜数据和蜜源植物花朵泌蜜量,估算调查区域内蜜源植物的泌蜜总量以及可承载的蜂群数量。

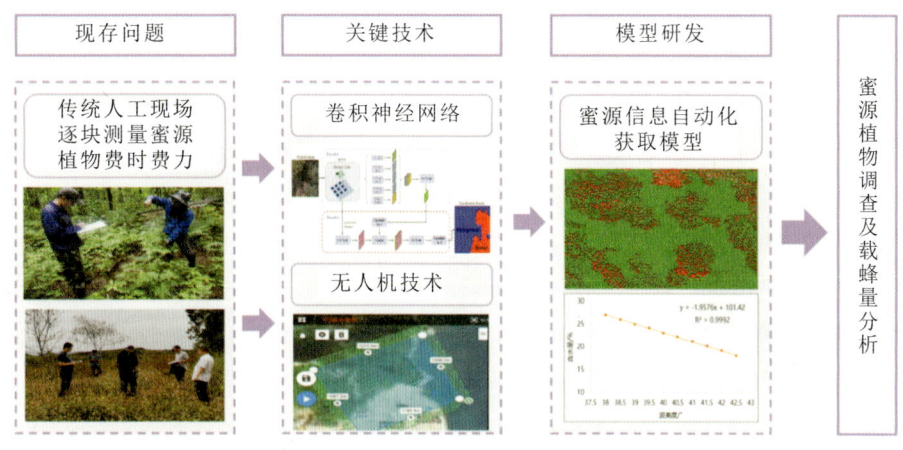

图 11-5　蜜源植物调查及载蜂量分析

2. 智能蜂箱蜂群信息采集及预警（见图 11-6）

针对无法知晓蜂群内部环境问题,团队研制了搭载温度、湿度、重量、声音、视频、红外等多种物联网传感器的智能蜂箱,设计了一种蜂群多特征长期监测系统,揭示蜂群的日常活动和趋势变化;提出了基于机器视觉的蜜蜂进出统计及行为跟踪技术,建立了复杂业务场景下小目标蜜蜂检测与行为跟踪方法,解决了蜜蜂行为智能识别分析关键难题,构建了复杂视频中蜜蜂行为分析与预警系统;明确了蜂群失王和农药中毒后对蜂群的整体影响,并阐述了智慧蜂箱监测指标的变化规律,为智慧蜂箱应用于养殖生产提供了一定的借鉴和理论基础。目前,智能蜂箱设备和配套的软件可帮助养蜂人员通过手机或其他智能设备远程查看蜂箱的运行状态和历史数据,实现异常预警功能,不仅极大减少了烦琐的开箱操作,还使得养殖过程更加精准、便捷,管理更加省时省心,同时也为不少蜜蜂生活学研究提供了数据支持和模型参考,助力探究蜂群活动规律。

3. 蜂产品质量安全追溯（见图 11-7）

针对蜂产品消费者信任度低、发生质量安全时难以定位源头、假冒伪劣产品繁多、生产流通过程不透明等问题,团队提出了基于质量安全关键点控制的蜂产品质量追溯方法,设计了覆盖蜂产品全流程的追溯方案;制定了完整可靠的蜂产品质量追溯信息编码标准和技术规范,构建了蜂产品供应链全程追溯信息采集体系;提出了基于 Agent 的蜂产品质量安全控制的协同工作方法,构建了融合检测技术的蜂产品质量安全追溯平台,实现了蜂产品追溯信息管理、检

图 11-6　智能蜂箱蜂群信息采集及预警

测分析鉴别和质量控制的协同工作。该工具为蜂产品的品质安全提供了有效
监测方法,其集成了物联网气象站、高清视频监控站、智能蜂箱等设备,已完成
蜂产品环境信息,蜂场养殖,病虫防治,蜂蜜采收、贮运、组批、加工等环节的全
流程追溯。一物一码,防伪、防篡改,打通了养蜂者、收购商、加工厂和消费者之
间的信息渠道,提高了全产业链信息透明度,极大地提升了优质蜂产品品牌效
应和宣传力度,通过全产业链信息记录方式倒逼蜂产品追溯市场化机制形成,
减少假冒伪劣产品流通,也为蜂业管理部门掌握市场需求、处理纠纷、塑造当地
优质品牌等提供了决策支撑。

图 11-7　蜂产品质量安全追溯

4. 蜂群认养及销售（见图 11-8）

在当今蜂产品市场中，优质蜂蜜的珍稀性日益凸显。过度的低价竞争和产品仿冒行为不仅损害消费者的信任，也导致蜂蜜产品的严重滞销。生产者面临着传统蜂产品销售方式难以满足不断增长的收入需求的挑战，迫切需要寻找新的经济增长点。同时，作为扶贫手段的蜂业受到许多县域政府的关注，政府希望通过引入新技术为本地养蜂产业注入新活力，提升其知名度和经济效益。在这一背景下，蜂群认养作为一种经济模式应运而生。

"慧养蜂"蜂群认养系统整合了智能全景视频监控站、蜂场环境气象站、智能蜂箱等设备，提供了蜂场环境、养殖过程、蜂群直播、蜂群认养等数据与功能服务。该系统支持认养者与家人参观蜂场并开展亲子活动，同时支持远程实时查看蜂群养殖和产蜜情况。此外，该系统还减少了中间流通环节，有助于提高生产者收益，由此将"产供销"模式转变为"销供产"模式。借助旅游业，该系统还能带动周边经济的发展。蜂群认养系统以现场体验和远程互动为特色，旨在实现"过程信息全共享，蜂蜜质量有保障"的目标，打造一个集蜜蜂养殖、休闲度假和风俗民情为一体的订单式产业联合体，形成"合作社（企业）＋蜂农＋消费者"的经营模式，为养蜂行业开创了新的经济业态。

图 11-8 蜂群认养及销售

第 12 章
水产养殖智能决策

12.1 水产养殖智能决策的需求

水产养殖是指在人为控制条件下养殖鱼类、虾蟹类、贝类、藻类等水产品,养殖方式可分为池塘养殖、陆基工厂循环水养殖和网箱养殖三大类,主要业务环节包括育种选择、养殖环境控制、投喂、病害防控、捕捞等。中国在 2002—2016 年期间一直是世界上最大的鱼类和鱼类产品出口国,但随着近年来国外发达国家智能化、信息化渔业生产模式的逐渐开展,挪威等欧盟国家和地区的鱼类产品市场快速扩大,而中国目前仍处于从传统养殖向现代化养殖的过渡阶段,智能化建设尚不完善。

水产养殖智能决策主要利用人工智能、大数据分析等技术手段,对水产养殖产前、产中、产后涉及的水质调控、病害防治、精准投喂、生产销售等进行辅助决策和智能控制,主要用于解决水产养殖过程中的水质环境预报与预测、异常行为检测与分析、病害诊断与预警、养殖对象检测与生物量估算、市场行情分析与预测等技术问题。

目前,中国的水产养殖形式已由粗放型向集约型转变,生产结构不断调整升级,但是仍然存在以下几项严重制约中国水产养殖业快速发展的因素:劳动生产率、生产效率和资源利用率较低,水产品质量偏低以及安全保障不足。从水产养殖的主要业务对象和生产环节来看,水产养殖智能决策需求主要集中在水产生命信息获取、水产生物生长调控与决策、鱼类疾病预测与诊断、水产养殖环境感知与调控以及水产养殖水下机器人应用等方面。

1. 水产生命信息获取需求

现代水产养殖主要依靠传感器获得鱼、虾、贝等水产生物的生命信息,这些信息量大且杂乱,难以被充分利用。一般利用水产养殖对象的外部特征进行相关生命信息的获取,这些特征信息也是开发应用水产养殖领域智能化监测方法的数据基础。水产生命信息获取需求主要包含鱼种类识别、鱼类行为识别、水产生物量估算等内容,重点是通过机器视觉技术将获取到的水产生物图像进行识别处理,获得水产生命的重量、行为、生物量等相关信息。

1）鱼种类识别

对鱼类图像数据的识别研究可对鱼种群的观测及其栖息地生态环境的治理起到重要作用,在环境保护、学术研究以及经济生产方面,均有着重大意义。在水产养殖过程中,同一养殖区域通常会同时养殖不同品种的鱼类,需要在养殖期间根据鱼种和大小对鱼进行分级分类,以达到最佳养殖和销售效果。通常在研究中会利用图像识别技术对鱼的种类进行判断,基本识别的实现过程为输入鱼类图像,选择鱼类特征,构建分类器,并将特征向量输入分类器进行品种识别。其中,分类方法包括判别分析、BP 神经网络、轮廓匹配和 SVM 等。

2）鱼类行为识别

鱼类行为是指鱼类进行的各种运动,包括游动、摄食、生殖、呼吸等;此外,避敌、攻击、求偶以及改变体色等非运动形式也被列入行为范畴之中。鱼类行为与水体环境密切相关,是鱼类生活状况的直接体现,可以通过分析鱼类行为进行更为精准的养殖管理和操作。计算机视觉技术为鱼类行为识别和量化提供了一种非入侵式且稳定性较好的方法,已广泛用于鱼类行为研究。在水产养殖中,通过观察鱼类个体或鱼群整体的行为变化,养殖人员能够判断养殖环境是否适宜鱼类的生长发育,并且利用鱼类的行为特点进行养殖管理和操作。对鱼类行为进行识别研究,可以对鱼类的群体活跃度、摄食强度、群体健康状态等进行智能决策,辅助做好水产养殖工作。

3）水产生物量估算

水产养殖中的生物量是指在特定水域中鱼类、虾类的总重量。不同生长期的鱼类、虾类等生物量信息至关重要,因为管理人员需根据此信息优化喂养需求并做出有效决策。管理人员基于对水产生物量的估测,可以控制水产生物的饲料摄入量、生长速度、养殖密度等参数,通过构建养殖智能决策模型,可确定水产养殖的最佳收获时间和最大产出。

2. 水产生物生长调控与决策需求

1）生长决策控制

水产养殖中的池塘因素对于水产生物生长具有极大影响,主要控制指标包括溶解氧、pH 值、水温等。智能决策在水产生物生长决策调控中的应用主要为根据环境参数以及一个养殖周期内生物的体长、体重等数据,利用计算机分析体重与各个环境因素之间的关系,建立相应的生长模型,再通过决策支持系统获得综合模型,提出高效的生长调控方案,实现生长阶段的智能化控制。在初步探索鱼类生长调控模型的开发和应用后,模块化和综合应用将会成为未来水产生物生长调控和决策的发展方向。

2）智能投喂控制

智能投喂控制根据水质及水产生物行为参数构建养殖饲料配方模型，自动确定鱼类、虾类等的摄食需求，决策出最优投喂方案，从而降低劳动成本，提高生产效益。智能投喂控制可分为检测残饵确定投喂量和分析行为确定摄食强度估测投喂量两种方法。水产养殖中的投喂工作是一个复杂的系统工程，有许多影响因素。由于鱼类等水生动物运动速度快，其运动会引起身体重叠、被遮挡等情况从而影响监测方法的准确性。未来还需充分利用信息技术手段，深入了解水产养殖环境、生物生理和饲料质量等因素对鱼类摄食行为和生长的持续影响，将人工智能技术与大数据、物联网等技术结合，采用多信息融合的方法，从多个角度获取所需数据，弥补因个体重叠以及监测技术单一造成的数据丢失等缺陷。

3. 鱼类疾病预测与诊断需求

1）疾病预测

基于人工智能技术的鱼类疾病预测主要是利用水质监测结果，建立鱼类疾病预测模型，构建完善的鱼类疾病预测系统。国内陈浩成等以养殖种类、养殖阶段、病原体、感染部位、水温、地域作为输入因素，将鱼类疾病种类作为输出单元，利用 BP 神经网络方法建立了池塘养殖疾病诊断模型。鱼类疾病传播的不确定性，且影响因素众多，单一的预测模型无法考虑周全的情况。在鱼类疾病预测方面，可以尝试建立多种 BP 神经网络模型对相应的鱼类疾病进行患病风险预测，提早发现鱼类疾病以减少经济损失。

2）疾病诊断

疾病发生时通常伴随着生物性状的改变，疾病作为可反映鱼体生命活动是否受扰乱的依据，可从鱼类的游动状况和颜色、纹理等表型性状，对鱼的病因做出初步判断。深入了解鱼类疾病的病原、病因、发病机理和防治手段，能够有效控制鱼类疾病的扩散，具有重要的经济价值。目前进行鱼类疾病诊断常用的方法为基于模型诊断，基于案例推理、知识库比对诊断两种方法。无论基于哪种诊断方法，都是在鱼类个体表面发生了一定形状改变后进行的病害诊断，容易错过最佳治疗期，因此，对病害进行早期诊断极为重要。但由于鱼类发病的周期以及发病种类都是不确定因素，且水产养殖环境中的覆盖面积大，获得自然水环境下的病鱼图片困难，影响因素多，研究成本较高，因此，近年来大多采用生物病毒检测等方法进行鱼类疾病的诊断，但该方法的智能化程度较低。在今后的发展中，可将人工智能技术与病毒检测等方法结合使用，确保鱼类疾病诊断的准确性和方法的适用性。

4. 水产养殖环境感知与调控需求

1）水质预测

水环境是水生生物赖以生存的环境，水环境的质量将直接影响水产品的生长和发育情况。对水质参数进行实时监测和调控是水产养殖过程中的重要环节，也是保证水产品质量的重要措施。目前，传感器、物联网等技术手段已经在水质环境大面积实时监测中得到应用，然而由于水质参数存在非线性、随机性以及依赖性等特点，硬件监测无法实现有效地预测。在实际水产养殖中，由于水质环境参数特征复杂且相互影响，使得水质预测的难度大大增加，因此水质环境预测也成为近年来水产养殖领域的研究热点之一。

2）增氧控制

溶解氧作为水产养殖环境中最重要的制约性因子之一，水质低氧或高氧都会严重影响水下生物的生长和产出，甚至造成水产生物大面积死亡，恶化水质环境。以鱼类为例，一般鱼类对溶解氧的最适需求量为 5 mg/L，当水中溶解氧低于 3 mg/L 时，鱼类减少摄食，逐渐停止生长；当水中溶解氧小于 2 mg/L 时，鱼类开始浮头；当水中溶解氧小于 1 mg/L 时，鱼类开始大量死亡。因此，对水产养殖环境中溶解氧含量的精准监测和控制可为水质管理提供有效的指导，降低水产养殖的经济损失和风险。基于人工智能的增氧方法是指利用传感器等监测设备对池塘中的溶解氧含量进行实时检测，再将获取的数据通过物联网反馈给智能控制系统，智能控制系统根据适用于该养殖场内生物生长溶解氧含量的上限和下限，对增氧机进行智能控制，从而提高操作的可靠性，节省了大量的人力物力。

5. 水产养殖水下机器人应用需求

1）目标识别

水产养殖水下机器人为实现定位和作业首先要进行水下目标的识别，在准确获取目标信息后才能做出决策控制。基于人工智能技术的目标识别是指利用计算机视觉技术，对水下摄像机采集的图像进行智能化信息提取，之后利用神经网络、机器学习等方法进行目标识别，为后续水下机器人作业提供支撑。目前，研究利用的水下图像恢复算法和智能识别算法是提高水下目标识别准确性的关键。

2）导航与路径规划

水下机器人导航与定位是水下机器人进行路径规划以及准确作业的关键。水产养殖环境复杂，使得机器人在水下导航与定位比在陆地上困难。基于人工智能的水下机器人路径规划是指水下机器人通过视觉系统获取水中环境图像，提取图像中的特征点实现全局和局部特征的匹配，同时使用滤波算法获得所需的理想边缘特征点,最终结合水下机器人和障碍物相关参数进行相应的路径规划。

3) 作业与控制

作业与控制是水下机器人在水产养殖中实现自主作业的核心,对于水下机器人实现高精度、高稳定性作业具有重要意义。由于水产养殖环境的复杂性、作业对象的多样性和脆嫩易损性,水下机器人要能够精确稳定地控制本体、机械臂和末端执行器,在作业过程中实现自主行走、机器臂准确达到目标点、末端执行器自主动作的有机协调,最终达到高精度、自主式作业的目的。在未来的发展中,需重点关注水下信号传输技术和图像处理技术,这将为提高复杂环境下的水下机器人作业精度提供新策略。除此之外,还需将机械手的精细化作业融合机械手的控制方法和抓取策略等内容作为研究重点。

12.2 水产养殖智能决策的应用

水产养殖智能决策主要是利用大数据和人工智能技术,对大量生产数据进行层次化的表达、解释,并最终形成辅助决策建议和智能控制指令的技术。① 在养殖环境预测预报方面,开展了大量面向养殖环境关键生产数据预测、预警技术研究,构建了多个涵盖气候、养殖水质和设备状态等关键因子的养殖水质调控模型,且部分模型已经应用到实际养殖生产中。② 在鱼类精准投喂方面,针对抢食性鱼类的精准投喂技术研究已经取得一定突破,构建了多个基于养殖经验的投喂量预估模型和摄食状态反馈控制模型,且基于视觉和声学的投喂反馈检测方法已得到初步应用。③ 在病害诊断方面,鱼类病害诊断已经从单一的基于数据的建模方法发展到利用经验和数据联合建模的方法,且基于计算机视觉的病害诊断技术逐渐成为主流方向。④ 在目标识别与运动监测方面,对群体目标识别和运动行为方向开展了相关研究,实现了部分鱼类的有效识别,构建了多个异常行为评价模型。此外,国内外研究人员还开展了水产品价格预测和产能计划分析相关研究,有效丰富了智能技术在水产养殖生产中的应用范围。

12.2.1 水产养殖水质检测与控制

在水产养殖过程中,养殖水环境为淡水或海洋生物提供了食物、生存环境和氧气。人类活动、环境污染、农业生产等,可能导致养殖水域的温度、溶解氧含量、酸碱度等指标发生变化,进而影响水产生物的生长。因此,对水质参数进行实时监测和调控是水产养殖过程中的重要环节,是决定水产品品质的重要措施。根据养殖水域的不同,水产养殖可分为淡水养殖、海水养殖和深远海海水养殖。淡水养殖通常利用池塘、水库、江河、湖泊等,养殖鱼类、虾类、蟹类、贝类、莲藕等。海水养殖利用浅海、滩涂、港湾等海域养殖海产经济动植物。水产养殖水质检测与控制技术主要包括水产养殖水质检测技术、水产养殖水质重要参数预测模型构建和水产养殖水质智能控制技术。

1. 水产养殖水质检测技术

水产养殖过程中水质的变化将直接影响鱼类的生长和收获时间,水质是水产养殖的关键,因此需要对养殖水体的水质进行实时监控,并能预测水质变化的趋势,及时采取措施对水质进行调整。

1) 水质重要参数及传统检测技术

影响水产养殖环境的关键参数包括溶解氧(dissolved oxygen,DO)含量、水温、pH 值、氨氮含量、盐度、化学需氧量(chemical oxygen demand,COD)、亚硝酸盐含量、重金属含量、浊度等,其中水温、溶解氧含量和 pH 值尤为关键。水产养殖种类不同对水质参数的需求也不相同,不同国家和地区对水产养殖水质参数的范围制定了相应的标准。

(1) 水温 养殖水域的温度变化不仅影响鱼类的食欲和新陈代谢,也影响鱼类的繁殖活动。另外,水温还影响水中的溶解氧、有毒物质的化学反应和氨的毒性等。水温监测最常用的方法是采用水银温度计,这种方法比较简单,成本低,但只能测水体表层的温度。目前,大部分水质分析仪、溶氧测定仪等检测设备常配有温度测量功能,且可测定不同水层的水温。

(2) 溶解氧含量 溶解氧是指溶解在水或液相中的分子态氧,是鱼类呼吸、废物分解和藻类呼吸的必需品。溶解氧是水代谢的指标,可用于监测有机污染物和营养污染物。溶解氧过低不仅影响鱼类的生存,也会造成厌氧菌的快速繁殖,导致水质变差;但如果溶解氧过高,对卵和幼虫的发育不利,也易造成鱼塘富营养化和气泡病等灾害。目前常用的溶解氧含量测量方法有碘量法、电化学法(电流测定法、电导测定法)和荧光淬灭法等。

(3) pH 值 pH 值是衡量水的酸碱度的指标,因此也称酸碱度,是水环境中化学和生物反应的指标。pH 值影响鱼类生存养殖的全过程。鱼类通常适合在中性或微碱性的水体中生长,当 pH 值过低时,鱼类维持盐平衡的能力将受到影响,血液中的载氧量会迅速降低,可能会出现窒息;pH 值过高时,鱼类可能会出现鳃出血的情况。传统的 pH 值测量方法包括试纸法、酸碱滴定法、电位法(pH 计)等。

(4) 总磷 磷是生物生长的重要元素,是评定水质富营养化的重要指标。如果磷含量过大,会引起水体中的藻类过度繁殖,导致水中缺氧。目前总磷的标准检测方法是钼酸铵分光光度法,其他检测方法还包括过硫酸盐消解法、气相色谱法、连续流动分析法、光催化氧化法、微波消解法。

（5）重金属 这是一种典型的累积性污染物，在水环境中不仅不可降解，还会在生物体中长期积累和传递，引发多种疾病。常用的水质重金属含量检测方法有：原子吸收光谱法、电化学分析法、电感耦合等离子体法、原子荧光光谱法、紫外-可见分光光度法、高效液相色谱法、生物检测法等。

2）水质传感器检测技术

水质传感器主要包括化学传感器、物理传感器、生物传感器、光学传感器等。水产养殖领域的水质参数传感器宜尽量选用物理传感器，不宜选择化学传感器或光学传感器。根据传输方式的不同，传感器可分为有线传感器和无线传感器两种。有线传感器故障率低、抗干扰能力强，可以保证数据可靠传输，相应技术比较成熟，是农业物联网关键节点间信息传输的必备技术。但水产养殖有时需要测不同位置和不同深度的水质参数，此时有线传感器的安装和维护存在很大的困难。水质传感器主要具有如下特点：① 保护层应具有防水、防腐蚀、坚固等特点。因为传感器长时间工作在水下环境，特别是在海水环境时盐度较高，易造成传感器的保护层被腐蚀。因此，传感器的保护层应为防水、绝缘、防腐的材料。② 可长时间工作，少维护。少维护包括两方面：一是传感器可部署在水面或水下不同深度，安装和维护比较困难，传感器本身应尽量运行可靠，故障率较低；二是传感器长时间固定在水下环境中，极易受到水中悬浮物的污染或者水中藻类等生物体的附着，进而影响传感器的精度。③ 低能耗。传感器的电池功率有限，同时，无线信号在水下传输消耗了很大一部分能量。因此，传感器的低能耗特点是保证长期监测的关键。

3）水质光谱检测技术

光谱分析法，又称光谱法，是基于朗伯比尔定律，利用物质的光谱来鉴定物质及其化学组成和相对含量的方法。光谱法可分为吸收光谱法、发射光谱法和散射光谱法。其中红外光谱法、近红外光谱法、紫外-可见光分光光度法、原子吸收光谱法等属于吸收光谱法；原子发射光谱法、分子荧光光谱法、原子荧光光谱法等属于发射光谱法；拉曼光谱法属于散射光谱法。基于光谱分析的水质参数检测方法突破了传统检测方法的操作繁杂、耗时长、易造成二次污染等缺点，成为水产养殖水质检测的重要方法。目前，基于水产养殖对水质监测的需求，光谱法在水产水质监测领域的研究方向主要包括水质的在线监测技术、多参数监测技术和多源光谱融合技术等。

2. 水产养殖水质重要参数预测模型构建

由于养殖水体具有体量大，水质变化具有非线性、动态性、多变性和复杂性等特点，构建水质参数预测模型对养殖水体的变化进行提前预测，对及时发现异常、降低养殖风险具有重要意义。水质参数预测也是近年国内外学者在水产养殖领域研究的热点之一。水产养殖水质参数预测模型主要涉及溶解氧含量、pH 值、水温、氨氮含量和 BOD（生化需氧量）等的预测，其中以溶解氧含量的预测研究最多。预测因子主要包括溶解氧含量、水温、pH 值、电导率、空气温度、风速等。相应的预测模型构建方法中非线性模型优于线性模型。其中，以神经网络、支持向量机及其优化算法和组合算法效果最优。另外，PLS 算法和神经网络可实现多参数同时预测。

3. 水产养殖水质智能控制技术

水产养殖水质智能控制系统通常包括控制中心智能控制和现场水质调控设备智能控制。

1）控制中心智能控制机理

控制中心除具有对现场水质参数进行实时监视和控制现场设备的功能外，还应能根据现场采集的数据、相应预测模型和专家知识库等对水质参数进行分析和预测，并根据设定的报警规则辅助用户做出相应决策。

控制中心智能控制流程如图 12-1 所示，养殖水质的智能控制技术利用水质参数预测算法对水质的变化趋势做出预测，并结合现场自动控制设备实现水质的智能控制。传感器将采集到的溶解氧含量、pH 值、水温、盐度、氨氮含量等水质参数及温度、光照强度、风速等环境参数经 GPRS（通用分组无线服务）技术传送至控制中心，控制中心的监控系统利用建立的预测模型对控制参数进行预测，并根据养殖品种的不同生长期搜索养殖信息库以获取该时期养殖水质的参数指标和报警规则库；如果预测参数超出限值需要报警，则以设定的报警方式（如短信、语音等）发出报警信息及预警等级，并记入报警记录；对于预测值超出限值但未达报警值的情况，应记入日志并向用户提供提醒信息。控制中心还应配置专家知识库，当有报警信息时，能为用户自动提供当前状况下的应对措施。

2）现场水质调控设备智能控制

现场水质调控设备控制应具有就地控制和远程控制两种模式。就地控制模式是指独立于控制中心，由现场控制装置直接实现调控的模式。就地控制模式又可分为就地手动控制模式和就地自动控制模式。就地手动控制是利用现场控制装置上的控制开关或按钮，以人工手动的方式对设备进行启/停控制。就地自动控制是利用现场控制装置上内置的控制流程或简单算法（如阈值、PID、定时）实现设备自动运行和停止。远程控制即由控制中心的控制软件通过 GPRS 向现场控制装置发出控制命令，实现对调控装置的控制。由于水产养殖水体环境具有波动性、季节周期性、趋势性等非线性特点，以及时间滞后性和大惯性特点，就地自动控制采用简单的阈值、定时控制无法实现水质参数的精准

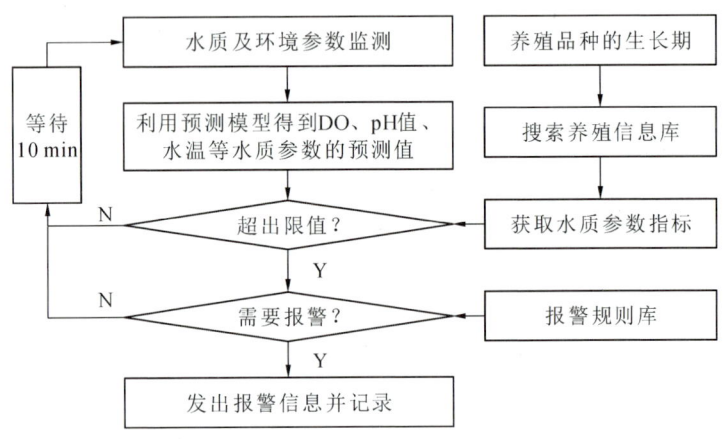

图 12-1 控制中心智能控制流程

调控。现场水质调控算法以闭环为主,控制原理主要有智能控制及人工控制、模糊 PID 控制、模糊控制与神经网络等,控制算法有关系方程、自动调整因子模糊算法等。

3) 水质调节措施及设备

水产养殖水质调控主要有物理调控、化学调控和生物调控等方式。其中,物理调控方式见效快,不产生二次污染,但可持续性差;化学调控见效快,但易产生二次污染;生物调控无毒害,但见效慢,操控复杂。因此实际调控中应多种方式综合使用,有效提高调控性能,但目前尚缺乏统一的调控标准。常见的溶解氧含量的调控措施有启动增氧机、换水、投放增氧剂或沸石等,在增加水体中溶解氧含量的同时可达到调节亚硝酸盐含量和硫化氢含量等参数的目的;pH 值的调控措施有换水、投放酸性或碱性药物等;氨氮含量的调控可采用换水、加溶剂和臭氧等措施。

可自动化控制的调控设备主要有增氧设备、循环泵、压缩机及部分调温设备和水质净化设备等。其中,增氧设备是规模化水产养殖的必备设备,主要用途是通过搅拌水体,促进水体上下循环,达到增加水中溶氧量的目的。如今,增氧设备的研究向节能低耗、高效可控方向发展,常见的增氧设备主要有叶轮增氧机、水车式增氧机、喷水式增氧机、射流式增氧机、涡流式增氧机、充气式增氧机、微孔曝气增氧机等。目前,我国水产养殖中使用的增氧机以叶轮式、水车式为主。国外增氧技术的研究以富(纯)氧增氧为主,富(纯)氧增氧设备具有结构简单、节电、增氧效率高等优点。

4. 水产养殖水质检测与控制展望

水产养殖区往往位于偏远地区,环境比较恶劣,特别是海洋水产养殖业的扩大并进一步向深海和深远海转移,使得水产养殖环境监测系统不同于普通物联网系统。水产养殖水质监测系统应具有方便部署、低功耗、无人操作、少维护、需远距离传输等特点。水产养殖水质检测与控制将围绕以下几个方面开展工作。

(1) 在水质检测技术方面,基于光谱技术的水质检测方法可同时实现多个参数的预测,并具有快速、无损等特点,已成为水质检测领域新的研究方向。将光谱技术与在线监测技术相结合,实现水质的在线实时监测,对水产养殖领域水质监测具有重要意义。

(2) 根据水产养殖水质检测系统的特点,传感器不需要定期维护或更换电池,利用太阳能、风能或潮汐能等可再生资源解决无线传感器的长期待机是目前急需解决的问题。

(3) 基于数据融合技术的多参数传感器是水产养殖水质监测系统未来的发展趋势。首先,在水产养殖环境下,特别是海水养殖,多参数传感器可减少系统部署和维护的工作量。其次,数据融合技术可以对传感器数据进行预处理,提高传感器的精度和稳定性。最后,数据融合技术可以去除冗余信息,减少所需传输的数据量,提高无线通道的利用率。

(4) 养殖水质重要参数预测、预警仍将是水产养殖领域的重点研究方向,随着数据的不断积累和深度学习技术的发展,构建增量式在线预测模型将成为未来的研究热点。

12.2.2 水产养殖智能识别

中国的智能化、信息化渔业生产模式处于初级阶段,自动化与智能化的水平不高,养殖的效率难以提升。利用现代信息技术实现中国智能渔业建设已经成为目前我国水产养殖领域的重要任务。智能识别技术是水产养殖由粗放型向集约型转变的关键技术,利用水产养殖对象的表型特征来实现养殖对象种类、年龄、性别和行为等信息的获取,识别过程需要排除大量的干扰信息、提取出表征的关键信息,并将各个阶段获取的特征数据整理成相对完整的知识集。水产养殖中的智能识别是通过研究、利用机器视觉和机器学习技术实现水下生物和环境的识别和监测,并对生产管理中出现的问题进行判断、分析和预测,以实现自动化养殖的目标。

1. 水产物种识别与分类

在水产养殖过程中,将不同品种的养殖对象进行混养可以充分、合理地利用水体空间,发挥物种间的互利作用,促进养殖对象生长。因此,在养殖监测期或收获期有必要根据物种进行分类。准确的物种识别对于水产养殖的有效管理、科学育种、繁殖密度控制和福利检测至关重要。机器视觉具有长期、无损、非接触和低成本的优势,结合机器学习技术,使物种识别和分类变得更加快速和准确,并在水产养殖中得到更广泛的应用。以鱼类识别与分类任务为例,模型实现过程可总结为:① 获取鱼类图像数据;② 根据先验知识对鱼表型特征进行提取;③ 根据鱼表型特征来训练分类器;④ 对分类器进行优化以提高识别精度。现阶段识别和分类任务模型的准确率相对较高,但这类研究局限于所需要识别物种的数据集,模型较高的准确率不仅建立在庞大的模型参数上,还需要提供海量的数据集;此外,此类模型的迁移能力较差,对于不同品种甚至包括亚种间的识别,需要重复建立多个模型进行识别,这样严重耗费人力物力。如何将概率分布不同的样本通过特征空间变化减小从建模集到测试集的分布差异,进行知识迁移,实现不同物种的识别是一个重大挑战。

2. 性别识别

鱼类的性染色体类型具有多样性,即使性染色体类型确定,鱼类的性别分化也存在较多的不确定性。鱼类的性别可以在性激素的作用下发生改变,既可以用雄性激素将遗传雌性个体转化为具有繁殖能力的生理雄鱼,也可以用雌性激素将遗传雄性个体转化为具有繁殖能力的生理雌鱼。对于鱼的性别鉴定,过去曾使用生物方法来识别。这些方法存在着较高的检测误差,并对鱼造成了不可逆的物理损伤。利用机器学习方法识别鱼的性别取决于鱼的相对形态参数,而机器视觉技术可以有效地获取鱼的形态参数。研究人员以鲟鱼的鳞片结构作为形态参数进行了性别鉴定,并分析了鳞片与其他特征之间的相对关系;采用决策树模型对培养了 3 年的鲟鱼后代进行性别鉴定,并与其他算法进行比较,结果表明该方法具有较高的识别性能,为利用人工智能识别物种的性别创造了良好的前景。鱼类性别鉴定是生产管理上的难题,亦是水产养殖中亟待解决的关键科学问题。现阶段,利用机器视觉相关技术鉴定鱼类性别的相关文献较少;在未来的发展中,除了依靠体色、体型等表型特征来鉴别鱼的性别,还可以从鱼的社会力角度入手,通过量化其个体之间的相互作用力来表征其领导阶层,从而为鱼类性别鉴定提供更多的信息。

3. 行为识别

鱼类行为识别是水产养殖的重要组成部分,鱼类行为主要包括摄食行为、群体行为和应激行为等,鱼类行为的变化能够反映环境的变化,识别鱼类行为可以有效地评估鱼类福利、渔业和生态系统。对鱼类摄食行为的准确识别可以有效地指导鱼类的摄食过程,实现最佳的摄食控制,降低摄食成本,提高经济效益。在生物圈中,从微小的生物细菌到巨大的哺乳动物鲸鱼,都存在着集群现象。个体成员根据一些有限的局部信息采取行动,这种信息在系统中流动,产生集体模式。群体作为一个整体行动单元,具有显著的协调性和适应性,并通过成员的相互吸引而自发地维持。在鱼类群体行为中,其异常性比个体行为更能解释一个特定的事件,从而提供更有价值的环境或群体社会变化的信息。鱼类可以对外部刺激(如光线、水质、繁殖密度和流量)做出一系列行为反应,一些鱼类可以通过远离光源来减少刺激。如果暴露在高、中光密度下,大多数物种开始向多个方向快速、不稳定地游动,这可能会导致强烈接触;相反,在低光密度下,鱼类通常会降低攻击性活动的频率,游动行为没有明显增加。在这种情况下,诸如"更快""相互接触""潜水"等短语描述了鱼类的行为,想要找到正常与异常行为之间的区别是一个挑战。因此,未来鱼类行为研究的目标:首先,量化分析,将这种描述语言数字化;其次,计算能力的提升和实用算法的开发,对于提取关键信息至关重要;最后,对大型群体中特定个体鱼类的信息提取,例如运动状态也是亟待解决的问题。

4. 水产养殖智能识别展望

目前,我国水产养殖的智能识别技术还处于起步阶段,要实现水产养殖的智能识别,还需要做好以下工作:① 水产养殖对象信息的获取方法需要进一步完善,以获得更加全面、稳定的相关数据,如利用多信息融合技术将机器视觉与声学传感器结合,多角度、多手段获取水产养殖中的个体生物和环境信息,弥补单一技术获取信息存在的检测缺陷,实现更加全面和智能化的水产养殖个体信息获取;② 应利用智能识别在图像和数据处理方面的优势,有效地提取养殖对象信息特征,极大地促进其在水产养殖中的应用,并且广泛应用和集成于水产作业机械中的智能检测技术,为水产机械智能化发展提供了技术支撑;③ 随着水产养殖信息透明度的提高以及传感器和摄像头质量的提高,数据集的获取、渔业数据库的建立将更加方便,研究人员应基于这些数据集开发模型;④ 要充分利用深度学习的优势,将其应用于水产养殖的各个生产环节中,作为机器学习的重要组成部分,深度学习在水产养殖智能检测中正变得越来越重要,并将成为未来实现水产自动化和智能化的关键技术之一。未来,充分发挥深度学习在自然语言处理、计算机视觉、推荐系统、语音识别等领域取得的成果,最大限度地解决复杂的水产养殖中存在的生产、管理、销售等问题。

12.2.3　鱼类养殖智能饲喂

在鱼类养殖过程中,饲料成本是主要养殖成本,一般占养殖总成本的 $40\%\sim80\%$,直接影响养殖经济效益。如何做到合理投喂是减少养殖成本、提高养殖效益的关键。为了提高生产效率,扩大养殖规模,饲料投喂方式由人工手动投喂逐渐转变为自动投喂。自动投饵机能够设定投喂时间和投喂量,在很大程度上减少了养殖的人工成本,但是面对多变的鱼类养殖环境,自动投饵机不能实时监测环境和鱼类行为,无法相应地调整投喂策略以达到合理投喂的目的。如何在鱼类投喂过程中结合环境和鱼类信息做到高效精准投喂,是当前面临的主要问题之一。智能投喂是基于各类传感器获取的环境和鱼群的各类信息,结合相关算法模型进行决策的投喂方式,是提高鱼类养殖投喂效率的重要手段。在不增加人力的前提下,智能投喂可以依据鱼类的行为与状态决策投喂,以较低的饲养成本在最优的环境中饲养鱼类,达到最优的生长效率。

1. 基于机器视觉的智能投喂分析方法

1) 鱼类摄食行为的分析方法

鱼类活动变化可以直接反映鱼类的食欲,基于鱼类摄食行为的食欲评估,即鱼群的饥饿程度主要通过光学、声学和其他类型的传感器设备和相关模型获取、处理和分析鱼类的图像、声音和其他信息来量化。养殖人员通过对鱼类摄食行为的分析,可实现饲料的最佳投喂控制,从而降低饲料成本,主要分析方法包括以下几类:

(1) 光流法。光流法在图像的全局范围内计算每个像素点在相邻帧间的偏移量,形成光流位移场。光流法能够有效提取鱼群运动特征,通过对鱼群摄食行为的分析量化,建立相应分类模型,对鱼群摄食行为进行分类。光流法能够对鱼群整体进行分析,能够很好地表示养殖池场景中鱼群整体的运动情况,但该方法的计算复杂度高,易受光照和环境扰动的影响。

(2) 基于纹理、颜色和形状等特征的分析方法。在实际养殖中,由于养殖密度、鱼群个体差异和计算能力限制,通过研究鱼类个体行为来指导投喂相对困难,因此研究鱼群整体行为对于投喂决策具有更实际的意义。鱼群在摄食过程中,鱼塘水面纹理、形状和颜色信息会发生相应变化,研究鱼群摄食过程图片特征是研究鱼群摄食行为的方法之一。图片纹理特征能够描述图片中物体的表面信息。目前提取纹理特征的主要方法有灰度共生矩阵法、灰度差分矩阵法和高斯-马尔可夫随机场模型等。相对于光流法,基于纹理、颜色和形状等特征的鱼类投喂方法计算成本相对较低,也更易实现。分析鱼群进食过程中产生的一系列特征,合理筛选、确定特征权重并结合机器学习算法,是识别鱼类摄食行为、提高决策模型效果的关键。

(3) 深度学习方法。近年来,深度学习在鱼类养殖中的应用范围越来越广。卷积神经网络(CNN)和计算机视觉相结合已被证明是评估鱼类摄食强度特征的有效方法。深度学习的出现避免了传统机器学习方法中人工提取特征引起的误差,具有更高的分类准确率和更强的鲁棒性。基于视频数据的深度学习模型能够更准确地识别鱼类摄食行为,但相对于图片模型,视频模型更庞大、复杂,如何提高模型运行速度、降低模型参数量是基于视频识别鱼类摄食行为的关键。

2) 饲料检测方法

相对于直接获取鱼类摄食行为数据,饲料检测能够间接反映鱼群摄食情况,是计算机视觉评估鱼类摄食强度的重要方法之一。光学传感器能够有效地获取水面饲料信息,结合计算机视觉相关算法监测水面饲料颗粒数量,能够有效地反映鱼类的摄食强度。在投喂过程中,部分鱼类抢食现象严重,会出现饲料被鱼体和飞溅的水花遮挡、饲料重叠和粘连等现象。此外,水体能见度范围有限、光照不均匀等也会导致水下成像质量较差,这对识别算法的准确性提出了更高要求。通过计算机视觉技术检测饲料颗粒来间接分析鱼类的食欲情况,是目前鱼类养殖智能投喂中的一个重要应用和研究热点。计算机检测系统处理速度的加快,在一定程度上提高了基于饲料检测鱼类摄食行为识别的准确性,但图片成像质量、饲料运动和鱼体遮挡等会影响饲料检测结果。因此,在实际环境下,基于饲料检测的鱼类智能投喂系统仍有许多困难需要克服。

2. 基于声学技术的智能投喂分析方法

光学传感器能够直观地表现鱼类摄食过程中的信息,为智能投喂提供理论指导,但在部分养殖环境下,由于水质环境、养殖密度和光照等因素影响,获取鱼的运动轨迹、鱼群游动速度和离散度等参数变得比较困难。相反,声学传感器获得的数据相对准确,能够有效反映鱼类进食过程中各相关因素的变化。声呐(sonar)成像是一款高分辨率的多波束声呐成像技术,能够弥补光学传感器在昏暗水体环境中的不足。声呐图像不仅包含光学图像中的部分信息,还包含回声强度、能量和其他信息。声呐成像技术被应用于海洋渔业监测,鱼群游动位置反映出鱼群饥饿程度,即发生觅食行为。使用水声传感器监测鱼群位置,并根据检测到的鱼群位置密度从而决定是否投喂,这一理论已被证明并用于实践。研究人员采集了鱼类摄食声音信息,发现声学信号与饲料需求量之间存在线性关系。还有研究人员提出了一种利用声呐成像进行位置计算的方法,获取鱼群在水下的三维运动轨迹及其分布情况。声学传感器也能对饲料进行检测。例如,在海洋网箱养殖模式下,使用水下摄像机和其他传感器相结合的方式,能够有效避免水下摄像机拍摄效果差而导致的决策偏差现象,实现海洋网箱智能投喂。

3. 基于传感器的智能投喂分析方法

水质主要参数(如水温、溶解氧含量、酸碱度和氨氮化合物含量等)的变化可直接影响鱼类食欲,鱼的摄食行为和剩余饲料也可以影响上述参数。针对室外池塘复杂多变的养殖环境,养殖人员根据溶解氧饱和度、温度以及输出进料百分比,利用混合学习方法进行训练和学习,创建语言变量模型和最优模糊规则库,得到了按需投喂的自适应模糊神经网络控制器,然后将水质参数和鱼类生长数据相结合,能够更精准地预测饲料投喂量。虽然通过分析摄食过程中的水质参数变化能够对鱼类食欲进行评估,但仍需要考虑其他因素变化对鱼类食欲评估的影响。相对于通过水质参数变化间接分析鱼类食欲情况,计算鱼群游动参数能够更直接、更精准地表示鱼类摄食状态,但该方式可能会影响鱼类养殖福利,也对设备的计算能力提出了更高的要求。

4. 鱼类养殖智能投喂展望

传统养殖的投喂方式落后,养殖成本高,环境压力大,不能适应多变的养殖环境。劳动力成本的增加和老龄化使得传统养殖投喂方式变得困难。随着传感器精度的不断提高和各类算法的更新与优化,各类传感器识别方法在鱼类养殖中的应用大大增加,智能投喂系统取得了一定的研究进展并进行了示范应用,但是还存在一定的问题,例如在实现鱼类智能投喂过程中,不同养殖环境、不同鱼类需要建立不同的投喂模型,耗费大量的人工成本;投喂决策算法模型的普适性较差,这是鱼类养殖智能投喂实现产业化应用面临的主要障碍之一。未来鱼类养殖智能投喂研究重点包括几个方面:① 对鱼类图像、声音、生长规律与生物特征等多种信息进行综合分析,建立更精准、更可靠的智能投喂模型;② 利用各种智能优化算法模型,结合高精度、多功能的传感和控制装置,开发适用于陆基循环水养殖、池塘养殖、室内外圈养等多场景的智能投饵机和投喂系统;③ 构建智能化投喂系统,既可以适应工厂化高密度养殖方式实现短时间大批量的投喂,也可以实现小批量多次且精确控制时间和投饵量的投喂。

12.2.4 鱼类病害智能诊断

随着我国水产养殖业工厂化、集约化水平的不断提高,水产生物的病害问题日益凸显。2017 年,水产生物病害使我国渔业生产的直接经济损失高达 361 亿元。同时由于渔业生产基层鱼病诊疗水平薄弱,水产病害已经成为制约我国渔业生产健康发展的瓶颈。当前我国水产生物病害频发但防控力量薄弱,缺少有效的智能化检测和诊断方法。我国水产养殖品种包括鱼类、贝壳类、藻类等在内的规模化养殖品种有 60 余种。由病毒、细菌、真菌、寄生虫等病原引起的常见水产病害种类多达 200 余种。我国幅员辽阔,不同的气候和水域环境导致水产病害呈现不同类型;省际间水产苗种的流通使得病原在产地和养殖区域间流通,导致病害发生的时间和频率由原来的季节性发病转向全年发病;水产病害防控措施不当导致部分病原产生抗生素耐药性,为病害防控带来困难。面对我国水产业病害种类繁多、形势复杂的情况,养殖户在病害发生时,很难通过自身的知识储备和仪器条件对发生的疫病做出正确、全面的判断,容易出现误诊、漏诊等现象,因此我国水产养殖业急需开展基于人工智能技术的鱼类病害诊断与预防研究,使养殖户在水产病害发生时能够得到及时准确的诊断,实现科学智能决策。

1. 池塘养殖疾病诊断模型

近年来,我国许多学者在水产动物疾病诊断与防治模型和专家系统的研究上有很多成果,采用各种技术方法相继开发了多种水产动物疾病防控专家系统和疾病诊断模型。传统的池塘养殖疾病诊断模型多利用人工神经网络方法构建。南京农业大学陈浩成利用 BP 神经网络方法建立池塘养殖疾病诊断模型,以养殖种类、养殖阶段、病原体、发病部位、平均水温、地域等因素作为输入单元,将疾病种类作为输出单元,模型经过训练,利用模型进行预测,预测结果误差在允许范围之内,主要做法如下:首先,收集导致疾病发生的主要影响因素及疾病发生的结果。根据水产动物病害诊断的主要数据(数据选取自渔业科学数据库),选取了养殖种类、发病部位、病原、养殖阶段、平均水温、地域等 6 项影响疾病诊断的因素作为输入层的输入单元,选取主要养殖品种 15 种,鱼类主要发病部位 11 个,病原 16 种,养殖阶段分为 3 大阶段,平均水温 13 个,养殖地域划分为 5 大地区;共选取 14 种水产养殖过程中常见疾病作为预期输出,共选取其中的 46 种组合,形成 46 个样本数据,其中 29 组作为训练样本,17 组作为测试样本。然后,把影响因素及疾病结果输入设计好的神经网络模型中进行反复训练,直到网络收敛,在训练过程中可适当采用一定的技巧使网络的训练速度最快、误差最小、模型最优。最后用建立好的模型进行疾病预测。

2. 鱼病诊断智能系统构建

我国鱼病诊断专家比较缺乏,农民的科技素质较低,对鱼病发生的规律认识不够,加上渔业养殖户比较分散,常因现场缺乏专家或专家到场不及时造成损失,形成了领域专家知识的供给和生产需求之间的传播瓶颈,制约了渔业工厂化养殖的健康有序发展。为解决渔业病害频繁发生而领域专家缺乏的矛盾,使鱼病得到及时诊断、适时防治,构建鱼病诊断智能系统,结合鱼病诊断知识和鱼病诊断专家经验,以人工智能理论为基础,将鱼病诊断知识库分为问题识别、知识概念化、知识形式化、知识实现和知识测试等五个阶段,并根据鱼病诊断流程和核心算法设计鱼病诊断推理机制,有效开展鱼病防治和科学诊断。

1)鱼病诊断智能系统概念模型构建

概念模型是对真实世界的抽象描述。严格、完备的概念模型在领域专家与开发人员的沟通过程中起重要作用。在统一界定诊断知识和诊断问题的基础上,将现实世界的鱼病诊断系统进行高度抽象,对鱼病诊断问题、诊断知识和诊断求解方式等进行提炼。将鱼病诊断问题定义为包括诊断对象、疾病集、病因集、症状集、诊断知识、诊断表现、诊断推理及诊断结论等 8 个因素在内的数学模型;将鱼病诊断知识描述为病因、疾病、症状及其三者之间的因果网络模型;将诊断求解方式分解为获取症状-推理诊断-增加信息 3 个步骤循环反复的"假设-验证"过程。该概念模型的构建为鱼病诊断智能系统的开发提供了知识表示和推理的理论基础,使鱼病诊断智能系统具有科学、系统的智能化诊断过程。这对改善专家系统开发的主观环境,提高其科学性和可用性具有重要意义。

2) 鱼病诊断智能系统知识库设计

在概念模型构建成功的基础上,开展鱼病诊断智能系统知识库设计,主要包括以下步骤:① 问题的识别和知识概念化。主要从鱼病诊断领域的理论基础出发,了解求解鱼病诊断问题时所需要的各种知识及策略和方法,并建立理论之间的关系。主要内容为求解鱼病诊断问题所需的知识、所需知识的确切程度、鱼病诊断中各子问题之间的理论关系,以及鱼病诊断问题求解的基本策略、处理方法。② 知识形式化。将已经概念化的鱼病知识进行形式化表述,给出各种概念和过程的定性或定量的描述。鱼病诊断问题的求解可转化为"症状-疾病-病因"的因果网络模型的求解。③ 知识的实现。主要任务是将形式化的鱼病知识转换为由编程语言表示的可供计算机执行的语句和程序,从而初步完成鱼病诊断原型系统。

3) 鱼病诊断智能系统核心算法

鱼病诊断过程实质上是"症状-疾病"和"疾病-病因"双层因果网络模型的求解过程。其中,"症状-疾病"诊断的实质是已知一组症状集合,求解产生这些症状的疾病集合;"疾病-病因"诊断的实质是已知一组疾病,求解产生这些疾病的病因集合。

(1)基于覆盖集理论和模糊数学的疾病诊断求解策略。

该问题的求解需要用到三类知识:① 表示疾病如何引起各种症状的因果知识;② 反映该因果知识成立的可能性方面的知识;③ 症状提取的模糊性知识。鱼病诊断智能系统在充分考虑这些诊断知识的随机性、模糊性和不完备性的基础上,将症状提取的模糊度引入覆盖集理论的概率模型中,建立基于模糊数学和覆盖集理论的诊断模型,将诊断模型用于鱼病诊断实例中,并对诊断结果进行分析。诊断求解算法是一种以"假设-验证"循环为核心的逐步求解的诊断过程,其基本思想是通过给定的一些症状的初始集合,对引起这些症状的原因构造一个试探性假设,然后在当前的假设引导下寻求进一步的信息。

（2）基于禁忌搜索方法的病因诊断求解策略。

该问题的求解需要用到两类知识：① 表示病因如何引起各种疾病的因果知识；② 反映该因果知识成立的可能性方面的知识。第二类知识获取的难度和不准确度限制了基于节约覆盖集理论的概率诊断模型在病因诊断中的应用。根据病因事件和疾病事件之间的逻辑关系，利用覆盖集理论的节约原则构建病因诊断的指标，然后将"疾病-病因"诊断问题转换为求解"0-1"整数规划模型问题，并采用禁忌搜索（TS 搜索）方法来求解这一问题。大量鱼病诊断实例的计算结果表明，智能系统与优化算法的结合是提高诊断速率和准确率的有效途径。

4）鱼病诊断智能系统构建的应用分析

鱼病诊断智能系统主要包括现场调查、鱼病目检、鱼病镜检、病因分析和鱼病防治等功能，可以为用户提供简便、高效的异地求诊服务网络，还为诊断专家和系统提供了有效的异地多用户诊断环境。这种求诊服务网络和诊断环境使诊断专家可以通过网络服务，使求诊用户可以随时随地寻求诊断服务。这种开放式、远程的诊断方式不仅推广和总结了鱼病诊断专家的经验和分析解决问题的方法，而且对渔业生产实践给予了随时随地、方便快捷的指导。

该系统在天津市的实践应用结果表明：① 按照问题识别、概念化、形式化、知识实现、知识测试这个顺序可以有效地获取鱼病诊断知识，建立具有全面性、可靠性和精确性的鱼病知识库。② "症状-疾病"和"疾病-病因"双层因果诊断模型可以有效地解决多疾病、多病因的鱼病诊断问题，得到具有针对性的诊断结论。③ 基于模糊数学和节约覆盖集理论的疾病诊断模型，可以有效地解决鱼病诊断中的随机性、模糊性和不完备性问题，模型的建立与求解使鱼病诊断系统更逼近实际诊断情况。④ 将病因诊断问题转换为优化问题并采用现代优化算法求解，有助于提高鱼病诊断的准确率和速度，是智能系统借助于优化算法求解的一次创新。

参 考 文 献

[1] 赵春江.农业智能系统[M].北京:科学出版社,2009.

[2] 赵春江.精准农业研究与实践[M].北京:科学出版社,2009.

[3] 赵春江.中国人工智能系列研究报告:智能农业 2020[M].北京:中国科学技术出版社,2021.

[4] 何勇,赵春江.精细农业[M].杭州:浙江大学出版社,2010.

[5] 李道亮.无人农场——未来农业的新模式[M].北京:机械工业出版社,2020.

[6] 李道亮.中国农业农村信息化发展报告(2020)[M].北京:机械工业出版社,2021.

[7] 李道亮.物联网与智慧农业[M].北京:电子工业出版社,2021.

[8] 李道亮.农业 4.0——即将来临的智能农业时代[M].北京:机械工业出版社,2018.

[9] 谢能付,曾庆田,马炳先.智能农业——智能时代的农业生产方式变革[M].北京:中国铁道出版社,2020.

[10] 蔡自兴,刘丽珏,蔡竞峰,等.人工智能及其应用[M].6 版.北京:清华大学出版社,2020.

[11] 赵春江,李瑾,冯献.面向 2035 年智慧农业发展战略研究[J].中国工程科学,2021,23(4):1-9.

[12] 赵春江.智慧农业的发展现状与未来展望[J].华南农业大学学报,2021,42(6):1-7.

[13] 赵春江.智慧农业发展现状及战略目标研究[J].智慧农业,2019,1(1):1-7.

[14] 张凝,杨贵军,赵春江,等.作物病虫害高光谱遥感进展与展望[J].遥感学报,2021,25(1):403-422.

[15] 赵春江,李瑾,冯献,等.“互联网＋”现代农业国内外应用现状与发展趋势[J].中国工程科学,2018,20(2):50-56.

[16] 赵春江,杨信廷,李斌,等.中国农业信息技术发展回顾及展望[J].农学学报,2018,8(1):172-178.

[17] 刘成良,贡亮,苑进,等.农业机器人关键技术研究现状与发展趋势[J].农业机械学报,2022,53(7):1-22,55.

[18] 李道亮,刘畅.人工智能在水产养殖中研究应用分析与未来展望[J].智慧农业(中英文),2020,2(3):1-20.

[19] 李道亮,李震.无人农场系统分析与发展展望[J].农业机械学报,2020,51(7):1-12.

[20] 吴华瑞,郭威,邓颖,等.农业文本语义理解技术综述[J].农业机械学报,2022,53(5):1-16.

[21] 刘双印,黄建德,黄子涛,等.农业人工智能的现状与应用综述[J].现代农业装备,2019,40(6):7-13.

[22] 兰玉彬,王天伟,陈盛德,等.农业人工智能技术:现代农业科技的翅膀[J].华南农业大学学报,2020,41(6):1-13.

[23] 胡林,刘婷婷,李欢,等.机器学习及其在农业中应用研究的展望[J].农业图书情报,2019,31(10):12-22.

[24] 崔运鹏,王健,刘娟.基于深度学习的自然语言处理技术的发展及其在农业领域的应用[J].农业大数据学报,2019,1(1):38-44.

[25] 马浩,崔运鹏.基于混合深度学习模型的科技文献自动综述模型构建研究[J].情报理论与实践,2021,44(9):176-182,168.

[26] 李世娟,刘升平,诸叶平,等.WGDWS天气发生器在中国五大气候区的适用性[J].农业工程学报,2022,38(3):75-83.

[27] 杨菲菲,刘升平,诸叶平,等.基于高光谱遥感的冬小麦涝渍胁迫识别及程度判别分析[J].智慧农业(中英文),2021,3(2):35-44.

[28] 诸叶平,李世娟,李书钦.作物生长过程模拟模型与形态三维可视化关键技术研究[J].智慧农业,2019,1(1):53-66.

[29] 李书钦,诸叶平,刘海龙,等.小麦生长模拟与三维可视化系统构建技术研究[J].中国农业科技导报,2018,20(2):65-71.

[30] 张红英,李世娟,诸叶平,等.小麦作物模型研究进展[J].中国农业科技导报,2017,19(1):85-93.

[31] 刘大众,刘升平,周国民,等.基于高光谱遥感监测小麦籽粒蛋白质含量的研究进展[J].东北农业科学,2020,45(4):108-112.

[32] 周国民.我国农业大数据应用进展综述[J].农业大数据学报,2019,1(1):16-23.

[33] 周国民,丘耘,樊景超,等.数字果园研究进展与发展方向[J].中国农业信息,2018,30(1):10-16.

[34] 谭民,王硕.机器人技术研究进展[J].自动化学报,2013,39(7):963-972.

[35] 谈自忠.机器人学与自动化的未来发展趋势[J].中国科学院院刊,2015,30(6):772-774.

[36] 蔡自兴.中国机器人学40年[J].科技导报,2015,33(21):23-31.

[37] 陈兵旗,吴召恒,李红业,等.机器视觉技术的农业应用研究进展[J].科技导报,2018,36(11):54-65.

[38] 周航,杜志龙,武占元,等.机器视觉技术在现代农业装备领域的应用进展[J].中国农机化学报,2017,38(11):86-92.

[39] 陈桂芬,李静,陈航,等.大数据时代人工智能技术在农业领域的研究进展[J].吉林农业大学学报,2018,40(4):502-510.

[40] 武向良,高聚林,赵于东,等.农业专家系统研究进展及发展方向[J].农机化研究,2008(1):235-238.

[41] 郭平,王可,罗阿理,等.大数据分析中的计算智能研究现状与展望[J].软件学报,2015,26(11):3010-3025.

[42] 程学旗,梅宏,赵伟,等.数据科学与计算智能:内涵、范式与机遇[J].中国科学院院刊,2020,35(12):1470-1481.

[43] 陈仲新,任建强,唐华俊,等.农业遥感研究应用进展与展望[J].遥感学报,2016,20(5):748-767.

[44] 吴文斌,史云,段玉林,等.天空地遥感大数据赋能果园生产精准管理[J].中国农业信息,2019,31(4):1-9.

[45] 张仲伟,曹雷,陈希亮,等.基于神经网络的知识推理研究综述[J].计算机工程与应用,2019,55(12):8-19,36.

[46] 罗锡文,廖娟,臧英,等.我国农业生产的发展方向:从机械化到智慧化[J].中国工程科学,2022,24(1):46-54.

[47] 罗锡文.无人农场是数字农业的实现途径之一[J].大数据时代,2021(10):13-19.

[48] 熊征,孟祥宝,汪洋,等.国内外农业人工智能典型应用案例及启示[J].现代农业装备,2021,42(5):8-16.

[49] 兰玉彬,赵德楠,张彦斐,等.生态无人农场模式探索及发展展望[J].农业工程学报,2021,37(9):312-327.

[50] 罗锡文,廖娟,胡炼,等.我国智能农机的研究进展与无人农场的实践[J].华南农业大学学报,2021,42(6):8-17,5.

[51] 陈仲新,郝鹏宇,刘佳,等.农业遥感卫星发展现状及我国监测需求分析[J].智慧农业,2019,1(1):32-42.

[52] 杨国峰,何勇,冯旭萍,等.无人机遥感监测作物病虫害胁迫方法与最新研究进展[J].智慧农业(中英文),2022,4(1):1-16.

[53] 陶惠林,徐良骥,冯海宽,等.基于无人机高光谱遥感数据的冬小麦产量估算[J].农业机械学报,2020,51(7):146-155.

[54] 赵春江.农业遥感研究与应用进展[J].农业机械学报,2014,45(12):277-293.

[55] 刘建刚,赵春江,杨贵军,等.无人机遥感解析田间作物表型信息研究进展[J].农业工程学报,2016,32(24):98-106.

[56] 朱艳,汤亮,刘蕾蕾,等.作物生长模型(CropGrow)研究进展[J].中国农业科学,2020,53(16):3235-3256.

[57] 吴海华,胡小鹿,方宪法,等.智能农机装备技术创新进展及发展重点研究[J].现代农业装备,2020,41(3):2-10.

[58] 方宪法,吴海华.农机装备亟待智能化转型升级[J].中国农村科技,2018(2):54-57.

[59] 陈浩成,袁永明,张红燕,等.池塘养殖疾病诊断模型研究[J].广东农业科学,2014,41(7):186-189.

[60] 李道亮.敢问水产养殖路在何方? 智慧渔场是发展方向[J].中国农村科技,2018(1):43-46.

[61] 潘彩霞,薛佳妮,于辉辉,等.基于本体的鱼病诊断专家系统的构建[J].广东农业科学,2015,42(1):157-160.

[62] 袁培森,宋进,徐焕良.基于残差网络和小样本学习的鱼图像识别[J].农业机械学报,2022,53(2):282-290.

[63] 温继文,傅泽田.基于分布式网络体系结构的鱼病诊断智能系统的实现[J].计算机应用研究,2006(2):31-34.

[64] 温继文,李道亮,傅泽田,等.鱼病诊断专家系统中概念模型的构建[J].农业系统科学与综合研究,2006(3):208-211.

[65] 段延娥,李道亮,李振波,等.基于计算机视觉的水产动物视觉特征测量研究综述[J].农业工程学报,2015,31(15):1-11.

[66] 何佳,黄志涛,宋协法,等.基于计算机视觉技术的水产养殖中鱼类行为识别与量化研究进展[J].渔业现代化,2019,46(3):7-14.

[67] 张锋,尹纪元.全国水生动物疾病远程辅助诊断服务网在水产病害防控中的应用[J].中国水产,2019(2):21-23.

[68] 夏英凯,朱明,曾鑫,等.水产养殖水下机器人研究进展[J].华中农业大学学报,2021,40(3):85-97.

[69] 李道亮,包建华.水产养殖水下作业机器人关键技术研究进展[J].农业工程学报,2018,34(16):1-9.

[70] 尹宝全,曹闪闪,傅泽田,等.水产养殖水质检测与控制技术研究进展分析[J].农业机械学报,2019,50(2):1-13.

[71] 陶雷,王素珍,申梦伟,等.水产养殖智能化投饲控制系统研究综述[J].江苏农机化,2020(2):17-22.

[72] 俞国燕,张宏亮,刘皞春,等.水产养殖中鱼类投喂策略研究综述[J].渔业现代化,2020,47(1):1-6.

[73] 汪小呁,武尧,肖茂华,等.水产养殖中智能识别技术的研究进展[J].华南农业大学学报,2023,44(1):24-33.

[74] 李道亮.无人渔场引领农业智能化[J].机器人产业,2020(4):46-51.

[75] 刘爽,安诗琦,严子微,等.现代鱼菜共生技术研究进展与展望[J].中国农业科技导报,2020,22(3):160-166.

[76] 朱明,张镇府,黄凰,等.鱼类养殖智能投喂方法研究进展[J].农业工程学报,2022,38(7):38-47.

[77] 林炳明.中国淡水养殖智能化模式探讨与展望[J].农业工程技术,2020,40(24):41,43.

[78] 岳冬冬,方辉,樊伟,等.中国智能渔业发展现状与技术需求探析[J].渔业信息与战略,2019,34(2):79-88.

[79] 张煜东,吴乐南,王水花.专家系统发展综述[J].计算机工程与应用,2010,46(19):43-47.

[80] 杨兴,朱大奇,桑庆兵.专家系统研究现状与展望[J].计算机应用研究,2007(5):4-9.

[81] 霍达,郑慕蓉,汪云刚,等.我国茶树病虫害专家系统研究进展及对策[J].中国热带农业,2016(3):78-80.

[82] 刘孝永,王未名,封文,等.病虫害专家系统研究进展[J].山东农业科学,2013,45(9):138-143.

[83] 任辉霞,高灵旺.专家系统技术与植保应用研究进展[J].中国植保导刊,2007(11):11-14.

[84] 徐建强,段亚冰,李定旭,等.我国植物病虫害专家系统的研究进展及发展趋势[J].河南农业科学,2007(11):13-17.

[85] 严智燕,廖桂平,高必达.植物病虫害防治中农业专家系统的研究进展[J].

中国农学通报,2005(5):415-417.

[86] 成必成,廖桂平,肖芬.专家系统及其在油菜病虫害综合治理中的研究进展[J].作物研究,2004(S1):430-433.

[87] 张素艳,郭天财,肖芬.小麦病虫害防治专家系统研究进展[J].作物研究,2001(3):77-80.

[88] 武向良,高聚林,赵于东,等.农业专家系统研究进展及发展方向[J].农机化研究,2008(1):235-238.

[89] 朱扬勇.大数据资源[M].上海:上海科学技术出版社,2018.

[90] 刘长青,陈兵旗.基于机器视觉的玉米果穗参数的图像测量方法[J].农业工程学报,2014,30(6):131-138.

[91] 秦忠连.基于图像处理的排种器性能检测方法研究[D].北京:中国农业大学,2008.

[92] 孟祥宝,谢秋波,刘海峰,等.农业大数据应用体系架构和平台建设[J].广东农业科学,2014,41(14):173-178.

[93] 朱霞,陈仁文,夏桦康,等.智能机器人水果采摘识别系统设计[J].计算机应用研究,2014,31(9):2711-2714.

[94] 中国农业科学院农业资源与农业区划研究所农业遥感团队.为农业生产管理装上"千里眼"——中国农业科学院农业遥感专家唐华俊[J].世界农业,2015(3):208-210.